Bauprojekte erfolgreich steuern und managen

BRZ (Hrsg.)
Jens Hannewald • Ralf-Peter Oepen

Bauprojekte erfolgreich steuern und managen

Bauprojekt-Management in bauausführenden Unternehmen

2., erweiterte und aktualisierte Auflage

Mit 55 Abbildungen

PRAXIS

Springer Vieweg

Herausgeber
BRZ Deutschland GmbH
Rollnerstraße 180
90425 Nürnberg
Tel.: +49 (0)911 3607-899
Fax: +49 (0)911 3607-395
www.brz.de

Autoren
Jens Hannewald (* 1962, † 2012)
Nürnberg, Deutschland

Ralf-Peter Oepen
Düsseldorf, Deutschland

ISBN 978-3-658-00236-7

Die Deutsche Nationalbibliothek verzeichnet diese Publikation in der Deutschen Nationalbibliografie; detaillierte bibliografische Daten sind im Internet über http://dnb.d-nb.de abrufbar.

Springer Vieweg

Lektorat: Karina Danulat, Jessica Ast

Gedruckt auf säurefreiem und chlorfrei gebleichtem Papier

Springer Vieweg ist eine Marke von Springer DE. Springer DE ist Teil der Fachverlagsgruppe Springer Science+Business Media.
www.springer-vieweg.de

Vorwort des Herausgebers

Bauunternehmen stehen unter einem hohen Wettbewerbsdruck. Im Kampf um Margen und Marktanteile müssen sie laufend produktiver werden, dies sowohl im Ausführungsbereich aber insbesondere auch in den administrativen Managementprozessen. Das zentrale Anliegen der BRZ-Fachbuchreihe ist es, für verschiedene Führungsaufgaben und Arbeitsabläufe in Bauunternehmen aufzuzeigen, wie sich diese effizienter gestalten und organisieren lassen, um eine erfolgreiche Projekt- und Unternehmenssteuerung sicher zu stellen.

Für den jeweils behandelten Fachbereich erhalten die Leser einen umfassenden und praxisnahen Einblick in innovative Methoden zur Optimierung der Arbeitsabläufe im Baubetrieb. Ein unverzichtbares Mittel zur Unterstützung der Unternehmensorganisation stellt dabei die Informationstechnologie dar – aber IT alleine schafft keine organisatorische Verbesserung. So wie das Know-how der Bedienung von Anwendungssoftware zwar wichtig für einen effizienten Programmeinsatz ist, so sind fachliches Wissen und organisatorische Rahmenbedingungen elementare Voraussetzungen für effiziente Managementprozesse. Deshalb stützen sich die Vorschläge in unserer Fachbuchreihe auf Profiwissen und praxiserprobte Problemlösungen. Neben den Grundlagen werden die jeweiligen Prozesse und Schnittstellen beschrieben und dargelegt, wie sich die Aufgaben in der IT abbilden lassen. Unser besonderer Dank geht an dieser Stelle an die Autoren, die als leitende Mitarbeiter von Bauunternehmen, durch ihr Wirken an Hochschulen und in der Unternehmensberatung vielfältige Kenntnisse und Erfahrungen sammeln konnten, die in die BRZ-Fachbücher eingeflossen sind. So sind keine Grundlagenwerke entstanden, sondern vielmehr Arbeitshilfen, die die Umsetzung des Themas in der täglichen Praxis erleichtern. Die enthaltenen Arbeitsbeispiele helfen dabei, die Umsetzung der Fachinhalte in die baubetriebliche Praxis nachvollziehen zu können.

Das vorliegende Fachbuch ist das erste, das in der BRZ-Fachbuchreihe erschienen ist. Die erste Auflage hat eine überaus erfreuliche und zudem rasche Aufnahme im Markt erfahren, so dass nur zwei Jahre nach ihrem Erscheinen ein Nachdruck nötig ist. Diese Entwicklung zeigt den hohen Bedarf an praxisorientierter Information und bestätigt uns darin, die BRZ-Fachbuchreihe weiter auszubauen: Neben dem Bauprojekt-Management sind Fachbücher zu den Themen Marketing und Vertrieb, risikoorientierte Kalkulation, Finanz- und Rechnungswesen sowie zur Beschaffung und Logistik erschienen bzw. in Planung.

Wir wünschen den Lesern dieses Fachbuches, also den Unternehmern und Führungskräften ebenso wie den verantwortlichen Fachkräften in Baubetrieben, dass es eine möglichst praxistaugliche Unterstützung sein möge. Für Anregungen, die der weiteren Verbesserung der Fachbuchreihe dienen, sind wir dankbar.

BRZ Deutschland GmbH

Vorwort der Autoren zur ersten Auflage

Die Erstellung der Projektkalkulation durch einen Ingenieur oder Techniker ist eine Besonderheit der Baubranche. In vielen anderen Branchen ist die Kalkulation eine kaufmännische Aufgabe, was einen einheitlich strukturierten Informationsaufbau und -fluss zur Steuerung von Produktion und Unternehmen erheblich vereinfacht.

Es darf folglich nicht überraschen, wenn sich unsere Spezialität der „technischen Kalkulation" als schwierig zu nehmende Hürde für einen effizienten und durchgängigen Informationsfluss entpuppt. An der Nahtstelle zwischen Technikern und Kaufleuten entscheiden sich der Erfolg und die Praktikabilität eines Bauprojekt-Management-Systems. Jedes Management-System lebt von der Aussagequalität seiner Abweichungsanalysen: Werden die Planungen erreicht? Was sind die Ursachen für eventuelle Abweichungen?

Qualitativ einwandfreie Abweichungsanalysen setzen voraus, dass Informationen aus der Kalkulation mit denen aus der Projektrealisierung vergleichbar sind. Weil die Informationen aus der Realisierungs- oder Produktionsphase zu einem beträchtlichen Teil von den Kaufleuten generiert werden, müssen folglich Informationsfluss und Informationsstruktur zwischen Technikern und Kaufleuten gut aufeinander abgestimmt sein. Nur so lässt sich mit vertretbarem Arbeitsaufwand ein zuverlässiges und aussagefähiges Projektergebnis zum Stichtag und zum Projektende in Form differenzierter Soll-Ist-Vergleiche generieren. Der manchmal beschrittene Weg, ein technisches Berichtswesen für die Erfassung der Ist-Werte zu etablieren, mag in speziellen Einzelfällen gerechtfertigt und sinnvoll sein, taugt aber aus Gründen der Zuverlässigkeit nicht als genereller Lösungsweg.

Der Wunsch, zeitnahe und zuverlässige Informationen zur Steuerung der Bauprojekte und damit des Gesamtunternehmens verfügbar zu haben, ist bei den meisten Firmen vorhanden. Dennoch gelingt dessen Realisierung – bei kritischer Betrachtung der erzielten Informationsqualität – nur den wenigsten Firmen unserer Branche. Was sind die Ursachen? Wie können die Hinderungsgründe aus dem Weg geräumt werden? Wie sollte ein Bauprojekt-Management-System gestaltet sein, dass es von den Praktikern auch akzeptiert und angewendet wird?

Mit dem vorliegenden Werk wollen wir diese Fragen beantworten. Dazu stellen wir die wesentlichen theoretischen Grundlagen kurz vor. Unseren Schwerpunkt legen wir jedoch nicht auf die Theorie. Die theoretische Basis hat Prof. Dr. Oepen bereits sehr eingehend in seinem Buch „Phasenorientiertes Bauprojekt-Controlling in bauausführenden Unternehmen – unter besonderer Berücksichtigung einer zweigliedrigen Arbeitskalkulation" (Deutscher Buchverlag, 2003) beschrieben.

Unser Augenmerk richten wir auf die praktische Umsetzung zeitgemäßer Projektmanagementansätze in der Bauwirtschaft. Dabei gehen wir auf die bauspezifischen Rahmenbedingungen im Detail ein. Der Umgang mit Nachträgen, die unterschiedliche Behandlung von Pauschalverträgen und Einheitspreisverträgen oder die Behandlung von Nachunternehmerleistungen sind nur einige Aufgabenstellungen, für die wir praktikable Lösungen vorschlagen. Wir geben auch Hinweise zur Aufbau- und Ablauforganisation im Unternehmen. Beispielsweise haben wir beobachtet, dass die Einführung eines Controllers oder ganzer Controllingabteilungen in der Regel wenig Erfolg versprechend ist.

Vielmehr geht es darum, den Projektleitern, Bauleitern und Baukaufleuten handhabbare Methoden und Werkzeuge an die Hand zu geben, mit welchen sie ihr Projekt gemeinsam zum Erfolg führen können. Wir sind davon überzeugt, dass eine enge und partnerschaftliche Zusammenarbeit zwischen Kaufleuten und Technikern ohne Alternative ist.

Es erstaunt sicherlich nicht, dass zeitgemäßes Projektmanagement nach einem bauspezifischen Werkzeug zur Informationsverarbeitung verlangt. Dieses Werkzeug heißt Bausoftware. Wichtiger als Software ist jedoch eine von den Mitarbeitern verstandene und gelebte Ablauf- und Aufbauorganisation, welche die Aufgaben des Projektmanagements klar verteilt. Hierfür ist die Unternehmensführung verantwortlich. Im Einzelfall kann hierzu über Unterstützung durch einen erfahrenen externen Organisationsberater nachgedacht werden. Mithilfe der Bausoftware wird die Ablauforganisation im Unternehmen dauerhaft verankert. Eine moderne Bausoftware lenkt sowohl den Arbeitsablauf als auch den Informationsfluss zwischen allen Beteiligten.

Durch einfache Bedienung unterstützt sie die Akzeptanz des firmenspezifischen Organisationsmodells bei den Mitarbeitern. Eingabeoberfläche und Auswertungsmöglichkeiten werden auf die Bedürfnisse der jeweiligen Anwendergruppe eingestellt. Das IT-System als Ganzes muss sowohl den Onlinezugriff der zentralen, als auch der dezentralen Anwender, z. B. Bauleiter, Poliere und Projektkaufleute, ermöglichen. Zusätzlich sollte auch eine Offlinebearbeitung klar umrissener Projektaufgaben, wie z. B. Abrechnungen oder Lohnstundenerfassung, sicher funktionieren.

Mit einer Aufbau- und Ablauforganisation, welche die Bedürfnisse des Bauprojekt-Managements erfüllt, und mit der richtigen Software kommen die nötigen Steuerungsinformationen zeitnah und zuverlässig auf den Tisch. Die Projektverantwortlichen können Planabweichungen frühzeitig erkennen und rechtzeitig handeln.

Unser vorgestelltes Bauprojekt-Management-System deckt die Anforderungen des klassischen Bauunternehmens genauso wie die des „Schlüsselfertigbauers" ab, und es funktioniert gleichermaßen für Hoch-, Ingenieur- oder Tiefbauprojekte. Der Schwerpunkt unserer Ausführungen bezieht sich auf Projekte mit einer Mindestlaufzeit von drei Monaten.

Mit diesem Buch wollen wir Fach- und Führungskräfte unserer Branche dazu anregen und unterstützen, ganzheitliches Bauprojekt-Management erfolgreich zu praktizieren. Dabei meinen wir eine wachsende Bedeutung der Vertriebsprozesse für Bauunternehmen beobachten zu können. Kundenbetreuung und aktive Kundenansprache sind unabdingbar, um sich eine möglichst große Zahl guter Projekte zur Auswahl zu verschaffen. Denn ein großer Teil des Projekterfolges wird durch die Kunden- und Projektauswahl, also bereits vor Vertragsabschluss, entschieden. Und genau so früh beginnt richtig verstandenes Bauprojekt-Management.

Wir wenden uns mit diesem Buch an Techniker und Kaufleute. Viele von ihnen mit Funktionen bis zur Geschäftsführerebene waren die ersten Leser unseres Manuskriptes oder genauer gesagt, dessen diverser Entwicklungsstadien.

Dazu kamen Berater, IT-Spezialisten, Softwareentwickler und weitere Branchenexperten in Deutschland, Frankreich und der Schweiz. Mancher von ihnen hat sich fast zwei Jahre lang durch die diversen Vorstufen dieses Buchs gekämpft. Sie alle waren uns wertvolle Ratgeber und Kritiker mit gewichtigem Einfluss. Ihnen danken wir für die eingesetzte Zeit und die Bereitschaft, ihre Erfahrung weiterzugeben. Ohne ihrer aller Engagement und Erfahrung hätte dieses Buch nicht wachsen können.

- Unser besonderer Dank gilt Sandra May. Mit ihrer Übersicht und Ruhe sorgte sie dafür, dass die Kommunikation zwischen allen Mitwirkenden funktionierte, dass keine der vielen Änderungen unterging und dass ein harmonisches Ganzes daraus entstehen konnte.

- Robert Wieczorek verfolgte die große Linie unseres Konzeptes genauso konsequent und ausdauernd wie er die fachliche Stimmigkeit der vielen Praxisbeispiele bis ins rechnerische Detail ausleuchtete.
- Dr. Ingo Frank Meyer war dank seiner langjährigen Controllingpraxis in bauausführenden Unternehmen wichtiger Gesprächspartner bei der Ausgestaltung der aufgezeigten Werkzeuge im Hinblick auf ihre Praktikabilität aus Unternehmenssicht.
- Wir danken den BRZ-Mitarbeitern Eva Preu, Verena Siebenhaar und Nadine Haid, die an der Erstellung der zweiten Auflage des Fachbuches mitgewirkt haben.

Die Autoren des Fachbuches wünschen Ihnen eine anregende Lektüre!

Vorwort des Autors zur zweiten Auflage

Aufgrund des sehr positiven Feedbacks unserer Leser wurde die Grundkonzeption auch in der zweiten Auflage des Fachbuchs Bauprojekt-Management beibehalten. Neben einigen formalen Korrekturen sind fachliche Erweiterungen und Verbesserungen eingeflossen. Speziell zu erwähnen ist die inhaltliche Ergänzung und Abstimmung zu dem Buch „Risikoorientierte Bauprojekt-Kalkulation“, das ebenfalls in dieser Fachbuchreihe erschienen ist. Insbesondere wurden hier die Praxisbeispiele der beiden Fachbücher enger aufeinander abgestimmt. Wir denken, dass die Verbindung beider Methodenansätze in einem ganzheitlichen, risikoorientierten Bauprojekt-Management so anschaulicher und leichter nachvollziehbar wird.

Im Mai 2012 verstarb unerwartet nach kurzer und schwerer Krankheit der Mitautor dieses Buches Jens Hannewald. Dem engagierten Bauingenieur und Bauunternehmer lagen betriebswirtschaftliche Ansätze für ein besseres Bauprojekt-Management besonders am Herzen. Er hat den Praxisbezug dieses Fachbuches entscheidend geprägt. Seine Vision und Schaffenskraft wird mir persönlich gleichermaßen wie allen Angehörigen von BRZ Deutschland sehr fehlen.

Ralf-Peter Oepen

Über die Autoren

Prof. Dr. Ralf-Peter Oepen (Dipl.-Betriebswirt, Dipl.-Kaufmann) hat nach seiner Berufsausbildung zum Bauzeichner und Bürokaufmann das Studium der Betriebswirtschaftslehre an der Fachhochschule Köln absolviert. Seit Beendigung des Studiums ist er in verschiedenen Funktionen im Betriebswirtschaftlichen Institut der Bauindustrie (BWI-Bau) tätig; seit 2005 als geschäftsführender Institutsleiter. In dieser Zeit absolvierte er ein berufsbegleitendes Promotionsstudium an der Technischen Universität Bergakademie Freiberg. Als Lehrbeauftragter ist er an der Bauhaus Universität Weimar, der Ruhr-Universität Bochum und der Fachhochschule Köln tätig, wo er 2008 zum Honorarprofessor berufen wurde. Für den Hauptverband der Deutschen Bauindustrie leitet er das Kompetenzzentrum Betriebswirtschaft. Weiterhin ist er Mitglied im Arbeitskreis Baubetriebswirtschaft der Schmalenbach Gesellschaft für Betriebswirtschaft.

Jens Hannewald (Dipl.-Ingenieur, MBA) war nach seinem Abschluss des Bauingenieurstudiums an der TU München zunächst als Bauleiter tätig. Danach absolvierte er ein betriebswirtschaftliches Studium in New York/USA (NYU/Stern School of Business) und Jouy en Josas/Frankreich (HEC) mit Abschluss MBA. Anschließend führte Jens Hannewald mehrere Projekte im Hoch- und Tiefbau für Tochtergesellschaften der Nürnberger Baugruppe. 1994 übernahm er bei BRZ Deutschland die Neuentwicklung der Windows-Softwaregeneration. Seit 1996 war er Geschäftsführer der BRZ Deutschland GmbH. Seit 2000 war er zusätzlich Geschäftsführer der Nürnberger Baugruppe GmbH + Co KG und dort zuständig für die Geschäftsfelder Hoch- und Ingenieurbau, Straßenbau, Projektentwicklung und Bauinformationstechnologie. Jens Hannewald verstarb im Mai 2012 nach kurzer, schwerer Krankheit.

Inhaltsverzeichnis

TEIL A

Bauprojekt-Management in Theorie und Praxis

1 Bauunternehmen im Wettbewerb

Der deutsche Baumarkt ist seit langer Zeit gekennzeichnet durch starke Konjunktur-schwankungen und einen intensiven Preiswettbewerb. Hohe Produktivität ist somit wichtige Voraussetzung für jedes Bauunternehmen. Im jahrtausendealten Bauhandwerk, das durch einen hohen Personalkostenanteil geprägt ist, stellen sich Produktivitätsfortschritte mittels verbesserten Geräteeinsatzes aber nur noch partiell und langsam ein.

Darum lohnt die Frage: Wie sonst kann die dringend benötigte Steigerung der Produktivität erzielt werden? Und wie kann sich das einzelne Unternehmen dem einseitigen Preiswettbewerb zumindest teilweise entziehen und sich in eine Wettbewerbssituation bringen, in der eine Differenzierung über die Leistungsqualität nachgefragt wird?

Vielleicht gibt ein Blick auf erfolgreiche Unternehmen Hinweise. Was zeichnet diese Unternehmen aus?

Erfolgreiche Unternehmen werden sehr treffend als „gut geführte Unternehmen“ bezeichnet. Was ist damit gemeint?

In einem gut geführten Unternehmen weiß jeder, was er zu tun hat. Die Zusammenarbeit untereinander funktioniert. Jeder Einzelne nimmt Verantwortung wahr, so dass Kunden und Geschäftspartner einen Unterschied bemerken. Anders ausgedrückt, unterscheiden sich diese Unternehmen durch ihre Organisation, genauer gesagt durch ihre **gute** Organisation. Gute Organisation bringt den ersehnten Vorsprung in der Produktivität.

Aber das alleine ist nicht alles. „Gut geführt“ heißt auch, Risiken frühzeitig einzuschätzen und das Unternehmen zu den richtigen Kunden mit den passenden Aufträgen zu führen. Das setzt strategische Überlegung voraus. Zufall wird durch Planung und beharrliche Arbeit ersetzt. Kunden- und Projektrisiken werden frühzeitig analysiert und gehen ins Angebot ein. Eine möglichst optimale Projektrealisierung wird schon in der Angebotsphase genau überlegt.

Und damit haben wir das Thema dieses Buches bereits umrissen: Gute Organisation und Beherrschung von Projektrisiken aufgrund durchdachter Planung sind die wesentlichen Ingredienzien eines wirksamen Systems des Bauprojekt-Managements.

Dieser Leitgedanke beginnt bereits bei der Auftragsgewinnung. Es geht nicht darum, die meisten Angebote abzugeben, frei nach dem Motto „viel hilft viel“. Sondern es geht um die richtige Selektion von Kunden und Auftragstypen. Und es geht um die möglichst durchdachte Planung der Bauprojekte bereits in der Angebotsphase. Das richtige Motto heißt also: „weniger ist mehr“. Um sich auf die Erfolg versprechenden Projekte konzentrieren zu können, bedarf es einer entsprechend großen Auswahlmöglichkeit an Projekten. Hierzu ist ein systematischer Vertriebsansatz zu verfolgen.

Ein nach den einfachen Regeln des Managementregelkreises (planen, realisieren, kontrollieren, korrigieren) konstruiertes System des Bauprojekt-Managements ist die Klammer, welche alle Beteiligten vom ersten Kundenkontakt bis zur Abnahme des gebauten Projektes zusammenhält und ordnet. Besonders das Vorausdenken in Gestalt einer durchdachten Planung zieht sich wie ein roter Faden durch das Auftreten des Unternehmens gegenüber Kunden genauso wie gegenüber Mitarbeitern und Geschäftspartnern.

Als erfreuliche Nebenerscheinung haben solchermaßen gut geführte Unternehmen weniger Schwierigkeiten im Umgang mit ihren Kreditgebern und deren steigenden Anforderungen an Informationsumfang und -qualität. Das Kredit-Rating nach Basel II, das Risikomanagement nach KonTraG (welches so zwar nur für Aktiengesellschaften maßgeblich ist, aber auch in mittelständischen Unternehmen an Bedeutung gewinnt) und Abschlussprüfungen von Steuerberatern und Wirtschaftsprüfern sind zwar bürokratielastige Pflichtaufgaben, welche aber bei entsprechender Organisation routiniert und problemlos abgearbeitet werden können.

Diese Thematik wird auch unter dem Begriff des Controllings zusammengefasst, obwohl die Managementdefinition eigentlich breiter zu fassen ist als die Controllingdefinition. Hinzu kommt, dass im Deutschen „Controlling" fälschlicherweise mit „Kontrolle" gleichgesetzt wird. Daher vermeiden wir den Begriff des Controllings bewusst. Denn es geht um viel mehr als Kontrolle. Die Planung, die Umsetzung und das Ergreifen von Maßnahmen sowie das Schaffen der organisatorischen Rahmenbedingungen sind wesentlich wichtiger. Das Kontrollieren der Zielerreichung ist eben nur **ein** Element des Managementkreislaufs.

Mit diesen Grundüberlegungen wollen wir ein für die speziellen Bedürfnisse der Bauwirtschaft taugliches System des Bauprojekt-Managements vorstellen und auf die Herausforderungen eingehen, die zu meistern sind, wenn dieses in die Praxis umgesetzt wird.

2 Projektlebenszyklus

Dieses Buch konzentriert sich auf die bauliche Ausführung von Bauprojekten im Hoch- und Tiefbau als Eigenleistung oder Schlüsselfertigleistung unter der Annahme, dass die Planunterlagen einen ausführungsreifen Stand erreicht haben (z. B. HOAI Phase 4 oder 5). Kleinere Bauprojekte und sehr kurz laufende Projekte werden nur in Teilen behandelt (vgl. Abb. 1).

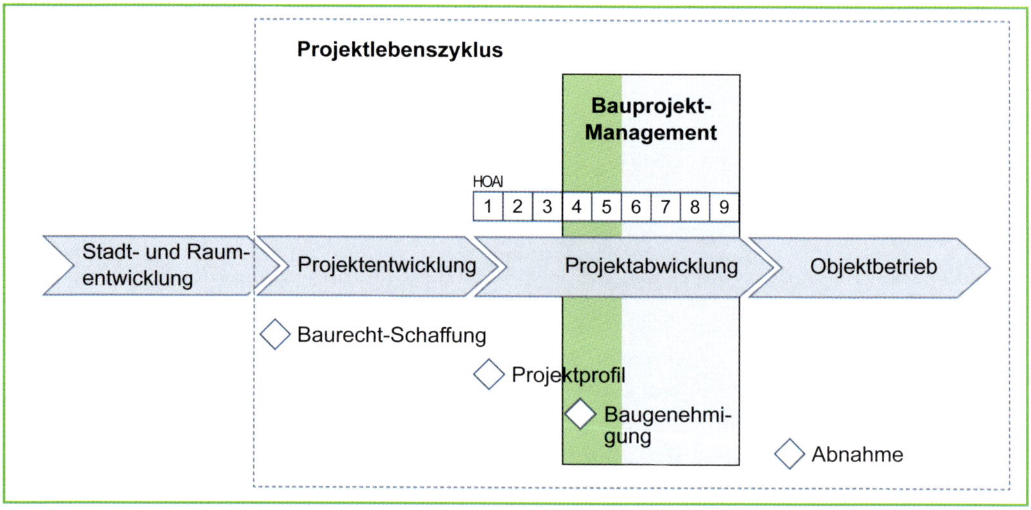

Abb. 1: Bauprojekt-Management (in Anlehnung an: Univ.-Prof. Dr.-Ing. Zimmermann, Josef: Vortrag „Projektentwicklung zwischen Vision und Realität", 07. Mitteldeutscher Immobilienkongress, Leipzig, 05.02.2009)

3 Bauprojekt-Management in der Praxis

Wer sich mit dem Thema „Bau-Projektmanagement“ in der Bauwirtschaft befasst, muss feststellen, dass es unserer Branche in der Regel nicht besonders gut gelingt, die weithin anerkannten theoretischen Modelle für ein wirksames Projektmanagement unter bauspezifischen Arbeitsbedingungen in die Praxis umzusetzen.

Dies erstaunt vor allem deswegen, weil aus dem Ruder laufende Bauprojekte regelmäßig die Existenz der betroffenen Unternehmen gefährden.

Was sind die Gründe für diese paradoxe Situation? Liegt es an mangelnder Zeit? Fehlt ganz einfach die nötige Organisation? Oder sind es vielleicht eher Gründe wie z. B. Unternehmenskultur und Führungsstil?

Wir meinen, dass die fachlichen Gründe wie folgt zusammengefasst werden können:

Es gelingt bisher nur unzureichend, die für ein Bauprojekt-Management notwendigen Informationen ganzheitlich in guter Qualität zuverlässig und zeitnah mit vertretbarem Aufwand bereitzustellen.

Diese Beobachtung werden wir in den nachfolgenden Punkten 3.1 bis 3.4 genauer untersuchen. Gleichzeitig zeigen wir Lösungswege zur Überwindung der Hindernisse auf. Hierzu konzentrieren wir uns zunächst auf mittlere und größere Bauprojekte.

Unsere Ausführungen beziehen sich auf eine klare Gliederung der Arbeitsprozesse innerhalb eines Bauunternehmens. Stark vereinfachend sprechen wir von drei Prozesskategorien:

- Vertriebsprozess
- Bauproduktions- und Serviceprozess
- Kaufmännischer Prozess

Entscheidend ist die Unterscheidung des Vertriebsprozesses – zu dem auch die Angebotskalkulation zählt – vom Bauproduktionsprozess. Denn im Rahmen des Bauprojekt-Managements ist es sehr aufschlussreich, herauszuarbeiten, zu welchem Anteil das Projektergebnis aus der Vertriebsphase, also vor Auftragserteilung, und zu welchem Anteil es aus dem Bauproduktionsprozess, also nach Auftragserteilung, resultiert. Wir sprechen darum – für unsere Branche vielleicht etwas ungewöhnlich – vom „Vertrieb“ und von der „Projektleitung“ als Verantwortliche für die beiden Prozessebenen.

Auf die Problematik der Vertriebsschwäche vieler Bauunternehmen und dem daraus resultierenden Zwang, auch ungenügend geprüfte und riskante Projekte annehmen zu müssen, gehen wir später ein.

3.1 Informationsfluss

Die mehr oder weniger große Zahl an Projektbeteiligten denkt, handelt und berichtet in nicht oder ungenügend miteinander verbundenen Systemen. Kaufleute und Techniker finden immer noch nicht ausreichend zusammen. Informationsbrüche und -verluste an den Prozess-Schnittstellen erzeugen einen zu hohen Zeitaufwand, der speziell für die Projektleiter nicht tragbar ist.

- Die für die Akquisition Verantwortlichen – im Weiteren mit „Vertrieb“ bezeichnet – kalkulieren und weisen ihre Annahmen mehr oder weniger transparent in einem Kalkulationssystem aus. Im gleichen System wird die Auftrags-/Vertrags- und/oder Arbeitskalkulation geführt.

- Die Bauleitung/Projektleitung entnimmt aus der Kalkulation die für die Arbeitsvorbereitung des Projektes erforderlichen Informationen und generiert in einem getrennten System nach getrennten Strukturen (Bauwerksmodell nach Ausführungseinheiten anstelle der Struktur eines Leistungsverzeichnisses [LV]) eine Bauablaufplanung. Die Verbindung zur Kalkulation wird gekappt. Aktualisierungen der Kalkulation fließen nicht in den Bauablaufplan zurück.
- Die für das Projekt benötigten externen Ressourcen (Material, Geräte, Nachunternehmer) werden über ein drittes System beschafft. Teilweise laufen die Beschaffungswege sogar nochmals über getrennte Zuständigkeiten (Kaufleute beschaffen Material, Gerätedisponenten die Geräte und die Techniker die Nachunternehmer) und eventuell sogar in unterschiedlichen Systemen. Die Rückübertragung der Einkaufspreise ist folglich lückenhaft oder unterbleibt wegen des dafür zu hohen Zeitaufwandes ganz.
- Die benötigten Leistungsstände erzeugt die Projektleitung per Nebenrechnung oder per Hand ggf. in einem vierten System. Auf den Leistungsstand bezogene Soll-Kosten gibt es nicht bzw. sie halten einer tiefergehenden qualitativen Überprüfung nicht stand.
- Die Ist-Kosten wiederum werden von der Buchhaltung in einem fünften – nach den Arbeitsanforderungen der Buchhaltung gestalteten – System erfasst und nur zu bestimmten Terminen – i. d. R. Monats-, Quartals- und Jahresende – als Auswertung bereitgestellt. Die Abstimmung zwischen Kalkulationslogik und Buchhaltungslogik ist problematisch und führt, selbst bei guter Datenqualität, zu falschen oder unbrauchbaren Vergleichen.

Hinzu kommt, dass jede der beteiligten Personengruppen, abgesehen von der Tatsache, dass sie in einem anderen System arbeitet, für die einzelnen Aufgaben des Projektes unterschiedlich tiefes Detailwissen und Verständnis mitbringt.

Es ist leicht ersichtlich, dass eine zuverlässige und wirtschaftlich vertretbare Informationsbereitstellung unter diesen Umständen scheitern muss. Bauprojekt-Management funktioniert aber nur dann, wenn die einzelnen Arbeitsprozesse (wie in Abb. 2 dargestellt) in einem Organisations- und Datenmodell miteinander verbunden sind. Dazu ist es erforderlich,

- Informationen innerhalb eines durchgängigen Systems nur einmal zu erfassen und
- Arbeitsabläufe an den Schnittstellen zwischen den Fachbereichen Vertrieb – Kalkulation und Arbeitsvorbereitung – Bauleitung und Nachunternehmermanagement – Einkauf – Servicebetriebe (z. B. Lager, Werkstatt, Geräte) – Unternehmensbuchhaltung – Lohnbuchhaltung nach festen Regeln und Zuständigkeiten zu organisieren.

Das System des Bauprojekt-Managements liefert das für die effiziente Zusammenarbeit aller Projektbeteiligten notwendige Organisationsmodell. Die Geschäftsleitung schafft die entsprechenden organisatorischen Rahmenbedingungen.

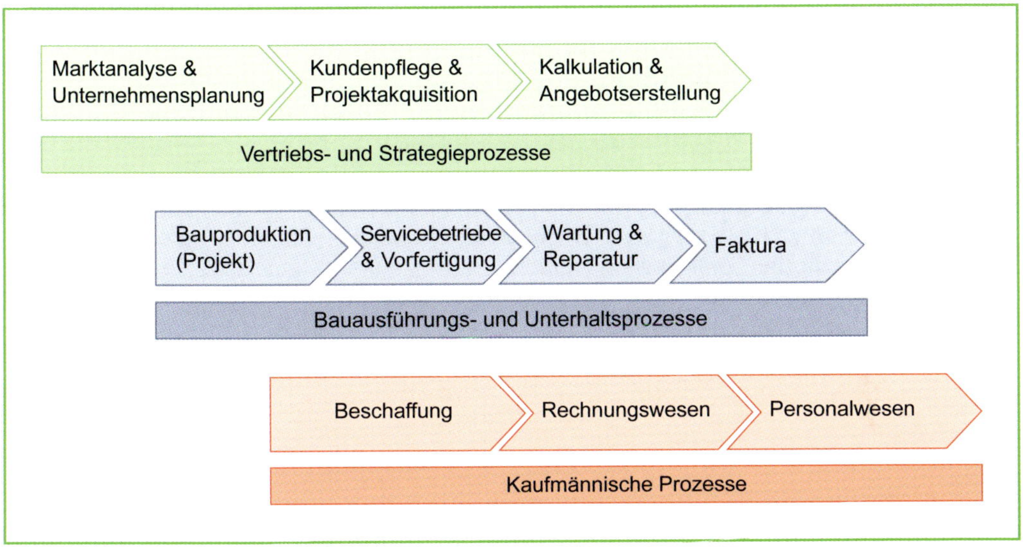

Abb. 2: Ganzheitliches Bauprojekt-Management

3.2 Organisationsmodell

Das heute als Organisationsmodell anerkannte und in der Praxis als Standard weit verbreitete Prinzip der Kosten- und Leistungsrechnung, kurz KLR Bau[1], liefert eine gute Basis für den Aufbau der Kalkulation (Bauauftragsrechnung) und der Betriebsabrechnung (Baubetriebsrechnung) sowie einen Strukturierungsvorschlag möglicher mengen- und wertmäßiger Soll-Ist- und Kennzahlen-Vergleiche.

Dennoch ist das System der KLR Bau für Aufgaben des Bauprojekt-Managements aus verschiedenen Gründen nicht ausreichend.

Beispielsweise muss das für ein funktionierendes Bauprojekt-Management entscheidende Element der Planung besser beschrieben werden. Ebenso stellt die Ermittlung eines zuverlässigen Leistungsstandes zum Stichtag ein großes Problem dar. Die in der Praxis auftretenden Schwierigkeiten bei der Leistungsermittlung thematisiert die KLR Bau überhaupt nicht. Auch führt die in der KLR Bau hauptsächlich vorgeschlagene Leistungsermittlung auf Basis von Vertragseinheitspreisen häufig zu falschen Ergebnissen.

Grundsätzlicher Art ist die nachfolgende Aufgabenstellung, welche die KLR Bau nicht vollständig beschreibt:

- Zum Auftragseingang ist die Auftragskalkulation zu erstellen, welche dem Wissensstand zum Zeitpunkt der Auftragserteilung entspricht (in KLR Bau gut beschrieben).
- Noch bis nach Baubeginn werden detaillierte Planungen angestrengt, um möglichst wirtschaftlich zu bauen. Die wesentlichen zu beschaffenden Ressourcen (z. B. Material, Nachunternehmer) sind mit ihren Einkaufspreisen in die Kalkulation einzupflegen. Aus

1 Vgl. Hauptverband der Deutschen Bauindustrie; Zentralverband des Deutschen Baugewerbes (Hrsg.): KLR Bau – Kosten- und Leistungsrechnung der Bauunternehmen, 7. Aufl., Wiesbaden/ Berlin, Köln, Düsseldorf 2001.

der Auftragskalkulation entsteht in diesem Verlauf die Arbeitskalkulation als Leistungsvorgabe für die Baustelle (in KLR Bau gut beschrieben).

- Nachdem die Arbeiten angelaufen sind, zeigen sich Abweichungen zu den Leistungsvorgaben der Arbeitskalkulation. Sie müssen, um ein Projektergebnis hochrechnen zu können, auch in das Bauprojekt-Management-System einfließen. Doch wenn die Leistungsvorgabe immer der Ist-Leistung angepasst würde, wäre sie keine Leistungsvorgabe mehr. Soll die Arbeitskalkulation als Leistungsmaßstab für die Baustelle dienen, darf sie folglich nicht ohne Weiteres der erzielten Ist-Leistung angepasst werden (in KLR Bau nicht behandelt).

Um den Konflikt aufzulösen, empfiehlt es sich folgendermaßen vorzugehen:

- Alle **auftraggeberseitigen Änderungen** werden in Form von genehmigten Nachträgen des Auftraggebers (AG) automatisch in die Auftragskalkulation – für die wir zur besseren Unterscheidung fortan den Begriff „Vertragskalkulation" (= VK) verwenden – und in die Arbeitskalkulation (= AK) eingepflegt. Offene AG-Nachträge erfahren eine spezielle Behandlung, auf die wir später noch genauer eingehen werden.
- Alle **auftragnehmerseitigen Änderungen** sind bei Einpflegen in das Informationssystem zu unterscheiden in
  - → „die Leistungsvorgabe verändernd" und in
  - → „die Leistungsvorgabe nicht verändernd".

Als „Leistungsvorgabe verändernd" werden die nicht von der Projektleitung zu verantwortenden Änderungen, z. B. vom AG genehmigte Nachträge sowie tatsächliche Materialeinkaufspreise und tatsächliche Vergabepreise der Nachunternehmer (NU), eingestuft und in der **„Arbeitskalkulation-Leistungsvorgabesicht"**, auf die wir noch genauer eingehen werden, ausgewertet.

Als „Leistungsvorgabe nicht verändernd" werden die von der Projektleitung zu verantwortenden Änderungen ausgewiesen. Dazu gehören z. B. Anpassung der Leistungsvorgabewerte auf die Ist-Leistung, aber auch verbesserte oder verschlechterte Produktionsabläufe und -verfahren – zusammen mit der Prognose von Endabrechnungs- und Endausführungsmengen (ggf. unterschiedlich für Auftraggeber und Nachtunternehmer/Lieferanten) und den bewerteten offenen AG-Nachträgen. Die Auswertung erfolgt in der so genannten **„Arbeitskalkulation-Prognosesicht"** (kurz: Prognosekalkulation = PK), auf die wir später ebenfalls noch genauer eingehen werden. Die KLR Bau sieht diese differenzierte Betrachtung und damit die beiden Auswertungssichten der Arbeitskalkulation nicht vor.

Welche Sachverhalte in welcher Auswertungssicht berücksichtigt werden, ist immer Entscheidung des Unternehmens. Nachfolgend geben wir entsprechend unserer Erfahrung jeweils eine Empfehlung.

Durch die einfache Maßnahme, die Arbeitskalkulation zweigliedrig auszuwerten, erreicht man Klarheit und bringt Ordnung in das System des Bauprojekt-Managements, ohne dass dadurch mehr Aufwand entsteht oder zusätzliche Kalkulationen zu pflegen wären:

- Die **„Vertragskalkulation"** (kurz: Vertragskalkulation = VK) zeigt, mit welchem Ergebnisziel der Auftrag eingeholt wurde und ist pro Auftrag unveränderlich. Sie dokumentiert gleichzeitig die vertraglich vereinbarte Vergütung der Bauleistung.
- Die **„Arbeitskalkulation-Leistungsvorgabesicht"** (kurz: Arbeitskalkulation = AK) ist die für die Projektleitung/Bauleitung realistisch erreichbare Leistungsvorgabe bei wirtschaftlich optimierter Bauausführung unter Berücksichtigung der erzielten Einkaufsprei-

se für Lieferungen und Werkvertragsleistungen. Die Differenzen zwischen Vertrags- und Arbeitskalkulation verantwortet also der Vertrieb/die Geschäftsführung. Die Erstellung und Pflege erfolgen nur einvernehmlich zwischen Vertrieb und Projektleitung.

- In der **„Arbeitskalkulation-Prognosesicht“** dokumentiert die Projektleitung ihre Einschätzung der zu erwartenden Erlöse und Kosten. Findet die Projektleitung im Rahmen der Arbeitsvorbereitung effizientere und damit kostenreduzierende Produktionsabläufe, ist zu raten, diese nur in der Prognosesicht, nicht jedoch in der Leistungsvorgabe auszuweisen. Die Differenz zwischen Leistungsvorgabe und Prognose verantwortet die Projektleitung. Eventuelle Abweichungen sind Auslöser für den steuernden Eingriff. Die Erstellung und Pflege erfolgt ausschließlich durch die Projektleitung.

Dieser Grundsatz der verantwortungsgerechten Auswertung der Arbeitskalkulation wird nachfolgend unter dem Begriff der „zweigliedrigen Auswertung der Arbeitskalkulation“ in unser Modell des Bauprojekt-Managements eingebracht und später noch ausführlicher beschrieben.

Für durch den Auftraggeber verursachte Nachträge gilt genau der gleiche Ablauf. Nachträge sind Projektänderungen in Form von „Miniaufträgen“, welche die Phasen Angebotskalkulation, Vertragskalkulation, Arbeitskalkulation und Prognosekalkulation genauso durchlaufen wie der Hauptauftrag. Abweichend vom Hauptauftrag ist es hier im Regelfall gerechtfertigt, die gesamte Verantwortung für das Nachtragsergebnis bei der Projektleitung anzusiedeln. Ebenso können aus Zeitersparnisgründen einzelne Kalkulationsstufen zusammengefasst werden. Besonders wichtig ist hier die gesondert ausgewiesene Betrachtung der offenen Nachträge.

3.3 Fehlendes Wissen

Vonseiten der Mitarbeiter ist häufig eine ablehnende Haltung gegenüber der Einführung eines Systems zum Bauprojekt-Management zu spüren. Das beruht zum einen auf mangelndem Wissen der Mitarbeiter, zum anderen auf dem „bösen Wort“ der Kontrolle, welches im Hintergrund mitschwingt.

Die Mitarbeiter unter diesen schwierigen Voraussetzungen für die Anwendung des neuen Systems zu gewinnen, ist eine wichtige Aufgabe der Unternehmensführung.

Es gilt, die Angst des „nicht Wissens“ und „nicht Könnens“ zu nehmen und klar zu machen, dass das zu erwerbende Grundlagenwissen die beruflichen Erfolgschancen erhöht und neue Aufstiegsmöglichkeiten eröffnet. Heute gehört Wissen über Projekt-Managementsysteme zum Handwerkszeug der Techniker und Kaufleute genau wie die Wasserwaage zum Maurer. Entsprechende Weiterbildungsmaßnahmen müssen durch das Unternehmen geleistet werden. Im Ergebnis erfahren die Mitarbeiter spürbare Arbeitserleichterung, wenn die Doppelerfassung von Informationen für ein kaufmännisches Berichtswesen einerseits und technische Berichte und Auswertungen andererseits entfallen und sie transparent über den aktuellen Stand informiert werden. Und natürlich profitiert auch der Mitarbeiter von der organisatorischen Weiterentwicklung: Das Unternehmen verbessert seine wirtschaftliche Situation und damit auch die Sicherheit der Arbeitsplätze.

3.4 Vernachlässigte Planungsphase

Die Planungsphase steht nicht nur im zeitlichen Ablauf an erster Stelle. Sie steht auch in Bezug auf die Wichtigkeit an erster Stelle. Leider wird die Wichtigkeit der Planung oft unterschätzt.

In der Planungsphase wird vorausgedacht, wie das Bauwerk erstellt werden soll. Die Qualität der vorbereitenden Planung entscheidet wesentlich über die Wirtschaftlichkeit des Projektes. Wenn es dem Unternehmen gelingt, einen Teil der später sowieso erforderlichen Arbeit bereits in die Angebotsphase zu verlagern, gewinnt es einen unschätzbaren Vorteil. Dennoch wird für die vorbereitende Planung in der Praxis oft zu wenig Personal bereitgestellt. Und das, obwohl weithin bekannt ist: Die Beeinflussbarkeit des wirtschaftlichen Projekterfolges ist in der Planungsphase am Größten. Stattdessen ist zu beobachten, dass in die Intensität des Bauprojekt-Managements zum Projektende stark investiert wird. Dies ist z. B. darauf zurückzuführen, dass durch Nachtragsmanagement (Claimmanagement) versucht wird, die Ergebnissituation des Bauprojektes zu verbessern oder während der Bauausführung auftretende Probleme noch auszumerzen (vgl. Abb. 3). Ziel muss sein, das Bauprojekt-Management in seiner Intensität stärker an der Kostenbeeinflussbarkeitskurve zu orientieren.

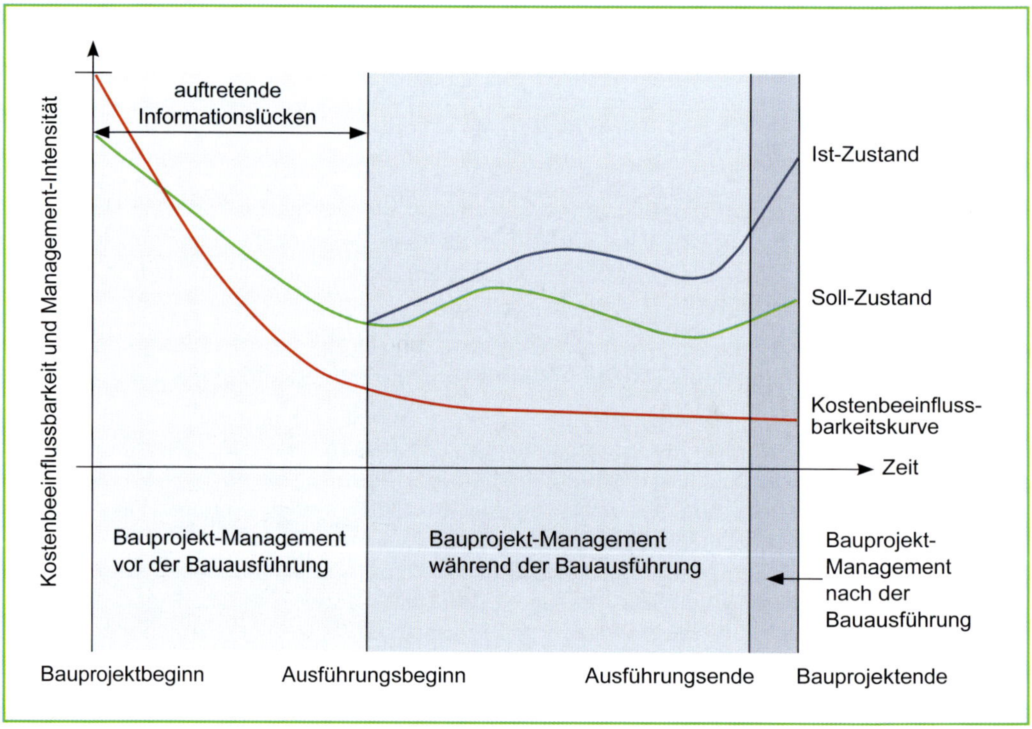

Abb. 3: Kostenbeeinflussbarkeit und Intensität des Bauprojekt-Managements

Ein wesentlicher Teil der Organisationsaufgabe für ein dauerhaft funktionierendes Bauprojekt-Management besteht darin, vorhandene Kapazitäten so zu nutzen und weiterzuentwickeln, dass genügend Kraft und Zeit für die Planungsphase frei wird.

In der Phase der projektvorbereitenden Planung kann der häufig chronisch überlasteten Projektleitung am einfachsten und effizientesten unter die Arme gegriffen werden. Die in der Planungsphase investierte Zeit kommt der Projektleitung während der Ausführungsphase zugute.

4 Ziele und Bestandteile des Bauprojekt-Managements

Die nachfolgende Ausarbeitung konzentriert sich auf Bauprojekte einer gewissen Mindestgröße und Mindestbauzeit.

Das Abbilden von Ergebnisabweichungen gegenüber der Planung und die Bewertung der Ursachen ist ein fortdauernder Prozess. Unabhängig von der dabei erreichten Qualität ist immer wieder festzustellen, dass bereits die ständige Beschäftigung mit der Wirtschaftlichkeit eines Projektes eine positive Wirkung auf alle Beteiligten ausübt. Durch die Einführung des Bauprojekt-Managements gewinnt der Aspekt der Wirtschaftlichkeit im täglichen Arbeitsablauf der Projektbeteiligten an Relevanz, was sich positiv auf das Projektergebnis auswirkt.

4.1 Definitionen und Ziele

Für ein Bauunternehmen bedeutet Bauprojekt-Management das Schaffen von Voraussetzungen, die eine wirtschaftlich optimale Realisierung von Bauprojekten gewährleisten. Alle hierzu benötigten Informationen müssen neben einer eindeutigen Zuordnung zum Projekt auch einen eindeutigen Bezug zur Zeit besitzen.

Eine tief in das Bauprojekt-Management integrierte Bauablaufplanung ist notwendig, um mittels eines Bauwerksmodells die vertragsorientierte Struktur der Leistungsbeschreibung in eine zeitbezogene Ablaufstruktur überführen zu können.

Ziel ist es, für ein Bauprojekt in einer primär zukunftsorientierten – d. h. auf das Projektende ausgerichteten – Betrachtung möglichst frühzeitig Informationen sowohl zur Steuerung der Produktivität und des Ergebnisses als auch zur auftragsbezogenen Liquiditäts- und Finanzsteuerung bereitzustellen.

Hierzu ist es unbedingt notwendig, dass baubetriebliche und kaufmännische Elemente des Bauprojekt-Managements als Gesamtheit verstanden werden. Nur so ist die notwendige ganzheitliche Steuerung der Baustelle möglich. Bauprojekt-Management ist somit als regelmäßiger und bei jedem Bauprojekt automatisch in Gang tretender Prozess zu verstehen. Bauprojekt-Management muss als Organisationsmodell gesehen werden, welches den Vertriebsprozess, den Bauausführungsprozess und Unterhaltsprozess sowie den kaufmännischen Prozess so verbindet, dass die Informationen innerhalb eines Projektes reibungslos und in hoher Qualität fließen (vgl. Abb. 4).

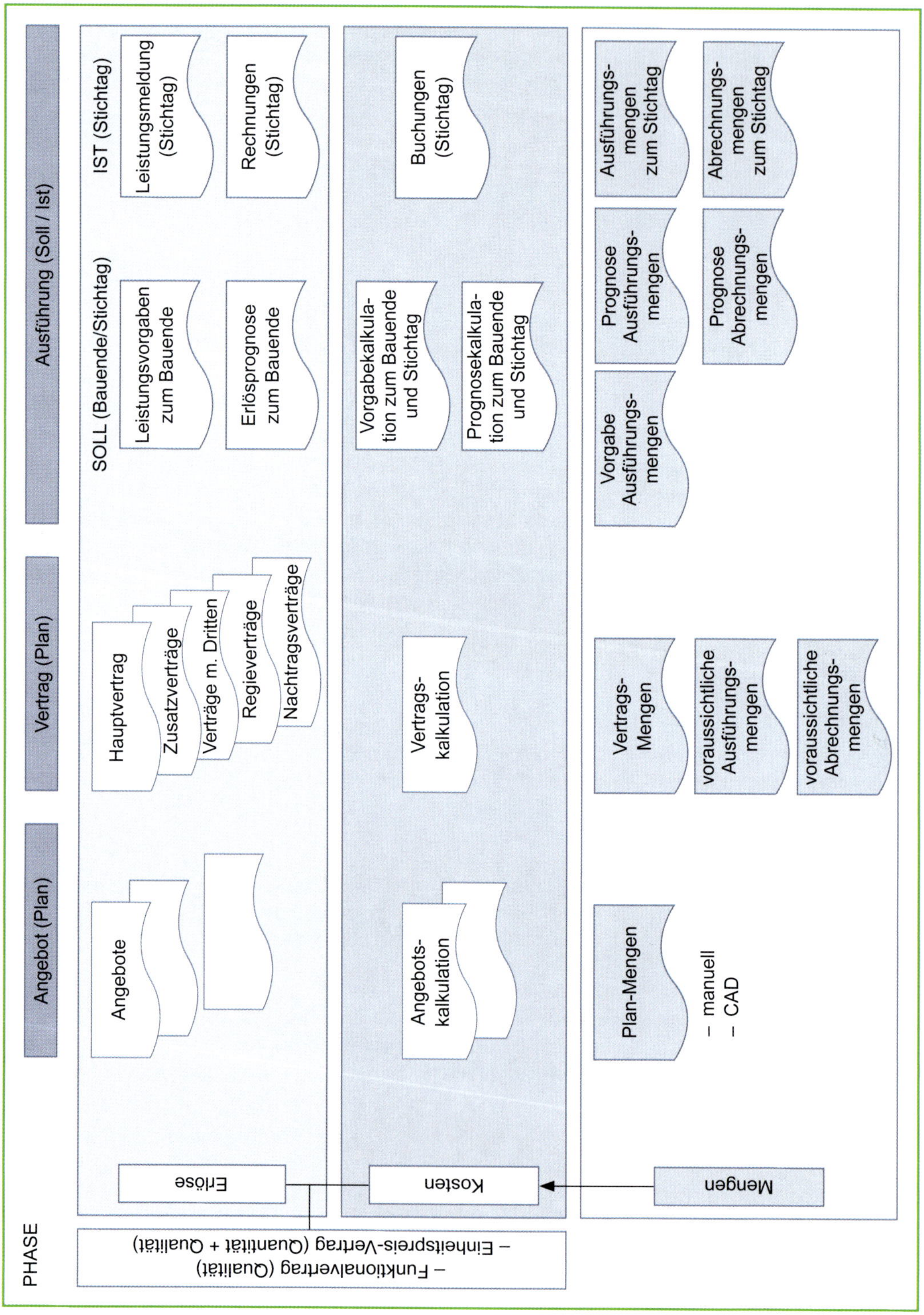

Abb. 4: Flexible Projekt-Struktur am Beispiel eines Bauunternehmens

Dies erfordert eine offene Unternehmenskultur zur laufenden Auseinandersetzung mit den Steuerungsinformationen. Richtig angewendet eignet sich das Bauprojekt-Management nicht nur für große Unternehmen. Jedes Bauunternehmen muss wissen, ob Mitarbeiter, Geräte und Material wirtschaftlich eingesetzt sind und wie sich die Ergebnisse der Bauprojekte entwickeln.

Die Steuerung der Ausführungsqualität soll nachfolgend nicht näher behandelt werden. Sofern sie Einfluss auf die Wirtschaftlichkeit hat, wird sie indirekt in der Baustellenablaufplanung und in der Abweichungsanalyse behandelt.

Bauprojekt-Management ist ein System der Selbststeuerung und nicht der Fremdkontrolle. Es benötigt nicht den so genannten „Controller“, sondern die Sach- und Fachkundigen. Bauprojekt-Management unterstützt die Projektbeteiligten darin, ihr Projekt erfolgreich zu realisieren.

Wichtige, richtige und steuerungsrelevante Informationen zum Projekt kann ein externer Controller kaum generieren. Entsprechend gehört das Bauprojekt-Management in die Hände der Projekt-Verantwortlichen, wobei jedoch eine Unterstützung durch einen Controller nicht zu verwehren ist.[2] Es ist dementsprechend ein System, das die Bauleitung bei der Entscheidungsfindung durch die Bereitstellung relevanter Informationen unterstützt.[3] Der Bauleiter steht im gewissen Sinne als „Unternehmer im Unternehmen“ in der Verantwortung seiner Baustelle. Er überwacht und steuert mit seinen Werkzeugen das Ergebnis und die Liquidität seiner Baustelle.[4] Das Bauprojekt-Management-System hilft dem Bauleiter, seine Baustelle besser zu planen, besser zu kontrollieren und dadurch letztlich besser steuern zu können.

Der Begriff „Bau**projekt**-Management“ ist bewusst gewählt und dem Begriff „Bau**stellen**-Management“ vorzuziehen, da dieser zu eng definiert ist. „Baustelle“ beschreibt den Zeitraum von Baubeginn bis Bauende und deckt somit die für das Bauprojekt-Management maßgeblichen Phasen vor und nach der Bauausführung nicht mit ab. Der umfassendere Begriff des Bauprojekt-Managements beginnt bereits mit den Aufgaben der Akquisition und der Angebotserarbeitung, geht weiter über die Projektdurchführung und Fertigstellung hinaus und endet bei der Projektanalyse.

4.2 Bestandteile des Bauprojekt-Managements

Die Aufgaben des Bauprojekt-Managements sind Planung, Kontrolle sowie das Ergreifen von Steuerungsmaßnahmen. Verbunden werden die ersten drei Aufgaben durch die oft vernachlässigte vierte Aufgabe der Organisation. Ein übergreifendes Informations- und Kommunikationssystem stellt die Verbindung der Aufgaben in Form eines komfortablen und durchgängigen Informationsflusses sicher, so dass sich die in Abb. 5 dargestellte Systematisierung ergibt.

---

2 Vgl. Seyfferth, G.: Praktisches Baustellen-Controlling – Handbuch für Bau- und Generalunternehmen, Braunschweig/Wiesbaden 2003, S. 2.

3 Vgl. de Buhr: Baustellen-Controlling. In: Norddeutsche Tagung für Betriebswirtschaft und Baurecht, Tagesbericht Nr. 4 2003, hrsg. von Semina – Akademie für Weiterbildung im Bauwesen, Neustadt 2003, S. 43.

4 Vgl. Wirth, V.: Baustellencontrolling. In: Controlling in der Baupraxis – So sichern Sie Ihre Baustellengewinne, hrsg. von Wirth, V. München 2003, S. 43.

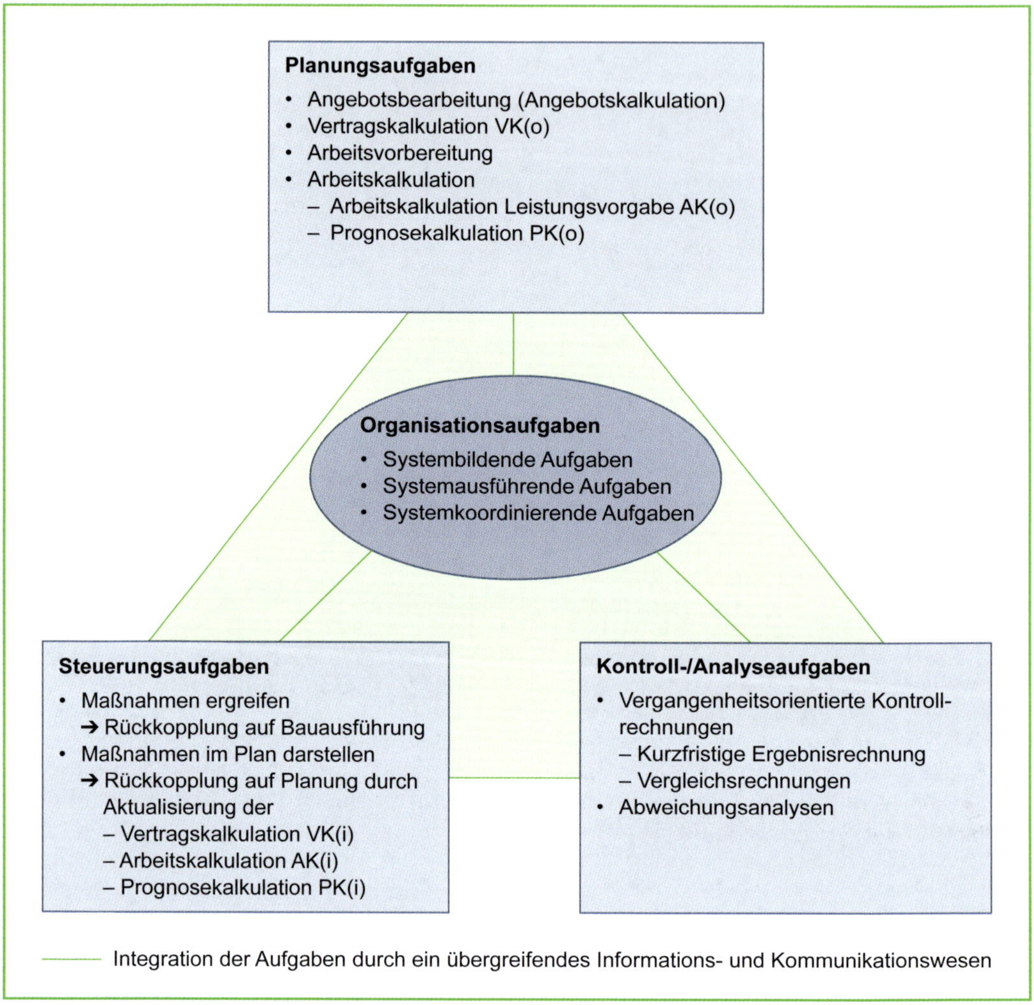

Abb. 5: Aufgaben des Bauprojekt-Managements (zu den Abkürzungen siehe Kapitel 5.8, ab Seite 22)

4.2.1 Die Planungsaufgabe

Die Planungsaufgabe umfasst alle Phasen der Projektbearbeitung, angefangen bei der Akquisitionsphase über die Angebots-/Vertragskalkulation (einschl. der entsprechenden Vertragsverhandlungen), die Arbeitsvorbereitung und Bauablaufplanung bis hin zur Arbeitskalkulation. Zum einen sollen in der Angebotsbearbeitung Risiken erkannt und die interessanten, lukrativen Projekte selektiert werden. Zum anderen geht es um die Gewinnung von Steuerungsgrößen.

Der Planung kommt eine ganz besondere Bedeutung zu, die in der Praxis oft nur unzureichend beachtet wird. In der Planung können Arbeiten vorgezogen werden, welche in der Ausführung mehrfach wiederholt werden und fehleranfällig sind. Eine gute Planung entlastet die Projektleitung während der Ausführungsphase.

Zwar sind für die Gewinnung der Zielgröße letztendlich die Arbeitskalkulation und ihre unterschiedlichen Ausprägungen/Sichtweisen maßgeblich, dennoch muss festgehalten werden, dass die Grundlagen für Erfolg oder Misserfolg eines Bauprojektes zu einem erheblichen Teil schon in der Angebots- und Vertragskalkulation gelegt werden.

Die Beeinflussbarkeit der während der Projektrealisierung entstehenden Kosten nimmt mit zunehmender Projektbearbeitungszeit stetig ab, während die absoluten Baukosten ansteigen. Deshalb sollte ein Bauprojekt-Management-System bereits in frühen Projektphasen einsetzen (vgl. Abb. 3).

4.2.2 Die Kontrollaufgabe

Die Kontroll- und Analyseaufgabe dient zur periodischen Durchführung vergangenheitsorientierter Kontrollrechnungen (kurzfristige Ergebnisrechnung, Vergleichsrechnungen) und darauf aufbauender Abweichungsanalysen.

Die Kontrollaufgabe muss in einer ständigen Wiederholung zunächst den tatsächlichen Ist-Zustand des Projektes feststellen und diesen dann mit den Soll-Daten der Kalkulation vergleichen, um etwaige Abweichungen frühzeitig zu erkennen. Die Abweichungen sind bezüglich ihrer Ursache und Wirkung zu analysieren. Auftraggeberseitige und auftragnehmerseitige Ursachen sind zu unterscheiden. Auftragnehmerseitig sind angebots- und vertragsbedingte von bauproduktionsbedingten Ursachen zu trennen.

4.2.3 Die Korrektur- und Regelungsaufgabe

Die Korrektur- und Regelungsaufgabe bildet den eigentlichen Kern des Bauprojekt-Managements. Sie ist zukunftsorientiert auf das Bauprojektende ausgerichtet. Ziel ist es, positive Abweichungen zu verstärken und im Falle nachteiliger Abweichungen Maßnahmen einzuleiten, die dafür sorgen, dass die Vorgaben erreicht werden.

Dabei ist die Korrekturaufgabe zweigeteilt. Erstens geht es um Entscheidung und Umsetzung geeigneter Maßnahmen in der Bauausführung. Zweitens muss die bisherige Planung mit den getroffenen Maßnahmen laufend aktualisiert werden, z. B. mit neuen Vorgabewerten der Kalkulation.

- Aufgrund der erkannten Abweichungen sollen im ersten Schritt Korrekturen in der Bauausführung vorgenommen werden, z. B. durch zeitsparende Arbeitsweisen und -techniken einzelner Ausführungseinheiten, den Austausch von Eigen- zu Nachunternehmerleistungen, die Anpassungen der Personal- und Gerätekapazitäten oder die Realisierung alternativer Bauverfahren. Hierfür sollen durch das Bauprojekt-Management entscheidungsvorbereitende Daten verfügbar gemacht werden. Das Erkennen wirkungsvoller Verbesserungsmaßnahmen bleibt die ureigene Aufgabe des Projektleiters. Das Steuerungssystem dient als zuverlässiger Informationslieferant, der Abweichungen frühzeitig vor Augen führt, bessere Entscheidungen aufgrund besserer Informationslage fördert und den Erfolg von Steuerungsmaßnahmen messbar macht.

- Im nachfolgenden zweiten Schritt wird die Planung aktualisiert. Dabei werden die Auswirkungen von auftretenden Abweichungen bezüglich ihrer Ursache und Wirkung auf das Bauprojektende festgestellt und analysiert:
  - → das Erkennen auftraggeberseitig zu vertretender Kostenveränderungen, die zu einer Änderung des Vergütungsanspruches führen können und im Falle von (schriftlich) genehmigten Nachträgen zur Aktualisierung von Vertragskalkulation und Arbeitskalkulation sowie Prognosekalkulation führen,
  - → die Feststellung von auftragnehmerseitig zu vertretenden Kostenveränderungen ohne Änderung des Vergütungsanspruches, die dann in der Prognosekalkulation PK(i) und gegebenenfalls in der Leistungsvorgabe AK(i) mit fortgesetzter Aktualisierung berücksichtigt werden.

4.2.4 Die Organisationsaufgabe

Die Organisationsaufgabe hilft, die vielschichtigen Teilaufgaben des Bauprojekt-Managements über alle Phasen der Bauprojektrealisierung umzusetzen. Konkret geht es darum, alle Arbeitsabläufe einer Bauunternehmung effizient miteinander zu verbinden und gleichzeitig einen reibungslosen und schnellen Informationsfluss zwischen den vielen Beteiligten sicher zu stellen. Im Sinne einer eigenverantwortlichen Selbststeuerung stehen die für das Bauprojekt verantwortliche Bauleitung/Projektleitung und die Arbeitsvorbereitung/Kalkulation im Zentrum des Bauprojekt-Managements. Dabei sind die Arbeitsabläufe mit den spezifischen Besonderheiten jedes Unternehmens in Einklang zu bringen.

> Um die Bauleitung in ihren Zuständigkeiten nicht zu überfordern, muss über ihre Unterstützung nachgedacht werden. In der Praxis empfiehlt sich hierzu, Aufgaben der Verwaltung und der Koordination von Bauprojekt-Management-Informationen in die Hände erfahrener Baukaufleute oder unternehmenseigener oder -fremder Controller zu legen. Ebenso bietet sich an, die Planungsaufgabe mit ausreichender Kapazität auszustatten und sie der Kalkulation oder dem Bereich Ausschreibung zuzuordnen.

5 Besonderheiten bei der Einführung

5.1 Software als Organisationswerkzeug

Dass eine zugrunde liegende durchgängige Software als zentrales Organisationswerkzeug und als „zeitsparender Informationsbeschaffer“ eine wesentliche Rolle spielt, ist selbstverständlich. Für die Gewinnung und Verarbeitung der Informationen ist ein entsprechend ausgerichtetes Organisationsmodell erforderlich, welches auch der Software zugrunde liegen muss. Das Organisationsmodell und die Software sind Grundlage für die Ausbildung der Mitarbeiter. Die Software muss dabei leicht auf den neuesten Stand zu bringen sein, um ein Veralten zu vermeiden. Wesentlicher Bestandteil der Software muss eine zentrale Datenbank mit einer durchdachten und durchgängigen Daten- und Prozessstruktur sein. In der zentralen Datenbank müssen alle dem Bauprojekt-Management vor- und nachgelagerten Arbeitsprozesse mit ihren Informationen gut strukturiert abgespeichert werden.

Die Planrechnungen und Abweichungsanalysen werden also aus einem gemeinsamen Datenbestand gefiltert. Nur so können die Informationen mit wirtschaftlichem Arbeitsaufwand vorgehalten und performant ausgewertet werden. Besonderes Augenmerk empfiehlt sich hier auf die Strukturierung und Qualität der Stammdaten zu richten. Zum einen geht es um eine durchgängige Ordnungsstruktur für die Gliederung der Kostenarten, Artikel, Materialien, Geräte, Nachunternehmer und auch der Bauwerksstruktur. Zum anderen um die Beschränkung der Stammdaten auf einen pflegbaren Umfang, welcher durch Kataloge fallweise ergänzt wird. Die Software bleibt dabei immer Werkzeug. Entscheidend für die erfolgreiche Einführung eines Bauprojekt-Managements und des hierfür erforderlichen Softwarewerkzeugs ist es, innovative Ansätze in der Organisation der Arbeitsabläufe im Bauunternehmen umzusetzen und danach diszipliniert einzuhalten.

5.2 Steuerung von Eigen- und Fremdleistungen

Die Notwendigkeit einer unterschiedlichen Steuerung von Eigen- und Fremdleistung liegt im Leistungsrisiko begründet. Unter Leistungsrisiko ist das Risiko des Nichterreichens der kalkulierten Stunden-, Material- und Geräteansätze zu verstehen.

5.2.1 Fremdleistung

Mit der Vergabe von Leistungen an Nachunternehmer wird das Leistungsrisiko auf den Nachunternehmer übertragen. Sofern der Nachunternehmer seinen Werkvertrag erfüllt (Insolvenzrisiko), entfällt für den Vergebenden das Risiko, die (den Vertragspreisen zugrunde liegenden) Leistungsansätze nicht zu erreichen. Obwohl somit eine Leistungsansatzkontrolle bei Nachunternehmen überflüssig ist, benötigt man dennoch eine Bestimmung der Leistung, um die Einhaltung von Fertigstellungsterminen zu verfolgen und um eine an bestimmte Fertigstellungsgrade geknüpfte Rechnungsstellung an den Auftraggeber auszulösen. Des Weiteren fließt auch die Nachunternehmerleistung in die kurzfristige Ergebnisrechnung ein und ist Maßstab für die Prüfung der Abschlagsrechnungen des Nachunternehmens, um eine Überzahlung auszuschließen.

Bei der Fremdleistung steht also die Frage im Vordergrund, ob zum Bauende die für die Nachunternehmervergabe kalkulierten Kosten tatsächlich eingehalten werden. Die Kalkulation ist hierzu aktuell zu halten, auch um mögliche Erlösveränderungen aufgrund von Leistungsverschiebungen zwischen Gewerken/Vergabeeinheiten nicht zu übersehen. Dabei ist die Einhaltung der Termine sowie die Qualität – genau wie bei Eigenleistungen – zeitnah zu überprüfen, um eine Kostenerhöhung zu vermeiden.

Bei der Nachunternehmerleistung ist auch die Abgrenzung der Kosten zum Stichtag wesentlich einfacher. Sie dient einzig dem Zweck, das zum Bauende prognostizierte Ergebnis entsprechend den unternehmensspezifisch zu definierenden Regeln auf ein Stichtagsergebnis umzurechnen. Diese Tätigkeit kann alleinverantwortlich von einem Baukaufmann auf Basis der aktualisierten Arbeitskalkulation und der von der Projektleitung erstellten Leistungsmeldung erfolgen.

5.2.2 Eigenleistung

Bei Eigenleistungen hingegen muss die Leistung zum Stichtag sorgfältig festgestellt und auf Abweichungen vom Plan untersucht werden. Nur so kann eine Leistungsschwäche erkannt werden und es kann rechtzeitig gegengesteuert werden. Es erfordert hohe Disziplin seitens der Bauleitung, die Mengenermittlung zum Stichtag auf dem aktuellen Stand zu halten. Eine möglichst genaue Ermittlung der geleisteten Mengen auf Positions-, teilweise sogar auf Unterpositionsebene ist – was die Eigenleistung betrifft – das Herzstück des gesamten Bauprojekt-Managements. Denn die Mengenermittlung ist der wesentliche Bestandteil des Leistungsstandes und der sich daraus ergebenden Plan-Werte der Einzelkosten der Teilleistungen, insbesondere der Lohnkosten.

5.2.3 Ausführungsqualität

Eine zweite Dimension des Leistungsrisikos ist das Erreichen einer vertragskonformen, handwerklichen Qualität. Hierzu ist ein paralleles System der Qualitätskontrolle einzurichten, welches im Rahmen dieser Ausführungen nicht näher betrachtet werden soll. Schlechte Qualität kommt in der Wirtschaftlichkeitsbetrachtung häufig erst durch Mängelbeseitigungskosten zum Vorschein, und das oft erst Jahre nach Fertigstellung der Baumaßnahme. Das Überwachen der handwerklichen Qualität ist also gleichermaßen wichtig für die Eigen- und Fremdleistung.

Besondere Vorsicht ist bei Vergabe von Werkvertragsleistungen und gleichzeitiger Materialbeistellung durch den Hauptauftragnehmer geboten. In diesem Fall ist zwar das Leistungsrisiko ausgelagert, jedoch verbleibt das Risiko einer mangelhaften Materialqualität insoweit beim Hauptauftragnehmer, als dass Lohnleistungen zur Behebung von Materialfehlern nicht zwangsläufig auf den Materiallieferanten abgewälzt werden können.

Für wesentliche, im Laufe der Bauausführung erkennbare Qualitätsrisiken und deren Mängelbeseitigungskosten sind eigene Umlagepositionen (d. h. die Position besteht nur aus Kosten und hat keine Erlöse) in der Arbeitskalkulation-Prognosesicht aufzubauen.

5.3 Einfluss von Vertragsformen

Zunächst ist das Vertragskonzept der „Leistungsbeschreibung mit Leistungsverzeichnis" von dem Vertragskonzept der „Leistungsbeschreibung mit Leistungsprogramm" zu unterscheiden. Im letzteren Fall übernimmt der Auftragnehmer auch Planungsleistungen. Diese Planungsleistungen stellen wesentliche zusätzliche Anforderungen an die Kompetenz des Unternehmens und den Arbeitsumfang der Angebotserstellung sowie die Ausgestaltung der nachfolgenden Realisierungsphase.

Die Art der Leistungsbeschreibung besagt alleine jedoch noch nicht, welches Vertragskonzept dem späteren Bauvertrag zugrunde liegt. Bei einem Bauvertrag ist hier ergänzend § 5 der Allgemeinen Bestimmungen für die Vergabe- und Vertragsordnung für Bauleistungen (VOB/A) zu betrachten. Hiernach sollen Bauleistungen grundsätzlich so vergeben werden, dass die Vergütung nach Leistung bemessen wird, und zwar

- in der Regel zu Einheitspreisen (Einheitspreisvertrag),
- in geeigneten Fällen in einer Pauschale (Pauschal[preis]vertrag).

Der **Einheitspreisvertrag** stellt in den Vertragsarten nach VOB den Regelfall dar. Die Bauaufgabe ist durch die Leistungsbeschreibung mit Leistungsverzeichnis (Bau-Soll) exakt definiert. Demgegenüber führt der **Pauschalvertrag** in der Baupraxis sehr oft zu Fehlinterpretationen, da er nicht richtigerweise als Pauschalpreisvertrag für eine definierte Leistung, sondern als Pauschale sowohl für die Vergütungs- als auch für die Leistungsseite verstanden wird. Nach den Regeln der VOB/A sind für den Pauschalvertrag (§ 5 Nr. 1 b VOB/A) diejenigen Fälle geeignet, in denen die Leistung nach Ausführungsart und -umfang genau bestimmt ist und mit einer Änderung der Ausführung nicht zu rechnen ist. Ziel ist die Pauschalierung der Vergütung für eine detailliert vorbestimmte Leistung. In der Praxis wird von dieser Vorgabe aber mit zunehmender Tendenz abgewichen und eine Globalisierung auf der Leistungsseite durchgeführt. Durch die nunmehr nicht detaillierte Leistungsseite treten erhebliche Probleme auf, insbesondere hinsichtlich der Problematik, welcher Leistungsumfang (Bau-Soll) von dem vereinbarten Pauschalpreis umfasst ist. Es gibt zwei Arten von Pauschalverträgen:

Der **Detail-Pauschalvertrag** ist dadurch gekennzeichnet, dass

- der geschuldete Leistungsumfang durch Angaben in einer vollständigen oder nicht erkennbar unvollständigen Leistungsbeschreibung (mit Mengenermittlungsparametern) näher bestimmt ist und sich damit
- der vertraglich vereinbarte Leistungsumfang des Auftragnehmers vorrangig an den Leistungen orientiert, die aus den Bauunterlagen (z. B. der Bau- und Leistungsbeschreibung und den Plänen) bei Vertragsabschluss ersichtlich sind und somit
- nur der Preis pauschaliert wird.

Der **Global-Pauschalvertrag** ist dadurch gekennzeichnet, dass

- der geschuldete Leistungsumfang durch Angaben in einer nicht detaillierten Leistungsbeschreibung bestimmt ist,
- der vertraglich vereinbarte Leistungsumfang des Auftragnehmers an einem Leistungsziel orientiert ist, unabhängig davon, ob das Werk in der Leistungsbeschreibung gemäß §§ 5 und 9 VOB/A mehr oder weniger detailliert beschrieben worden ist,
- der Preis pauschaliert ist.

Irrtümlicherweise sind manche Bauunternehmen der Auffassung, dass sie durch Abschluss eines Pauschalvertrages den Aufwand für die Ermittlung und Bewertung der geleisteten Mengen einsparen könnten. Dies ist insbesondere bei Ausführung von Eigenleistungen ein Irrtum. Für ein aussagekräftiges System des Bauprojekt-Managements ist die periodische Leistungsermittlung – auch bei Pauschalverträgen – die Voraussetzung, um Abweichungen in der Wirtschaftlichkeit erkennen zu können. Dazu sind ein genauer Kenntnisstand der zum Stichtag geleisteten Mengen sowie deren Prognose zum Projektende erforderlich. Denn Mengenabweichungen sind – auch bei (Detail-)Pauschalverträgen – entscheidende Hinweisgeber: Ist die Abweichung eventuell vom Auftraggeber verursacht, weil dieser das Bau-Soll geändert hat? Oder hat der Unternehmer die Mengenabweichung selbst zu vertreten?

Sollte beispielsweise in der Kalkulation zu schnell und ungenau gearbeitet worden sein, kann dies nicht der Projektleitung angelastet werden, sondern erfordert eine Änderung der zukünftigen Arbeitsweise der Kalkulation oder der Aufbauorganisation.

5.4 Bedingungen der unterschiedlichen Bausparten

Die Gestaltung des Bauprojekt-Managements ist auch von der jeweiligen Bausparte und damit vom Ausführungskonzept abhängig. In der Baupraxis zeigt sich nämlich, dass die Konzeption der Führungsinstrumente an die jeweiligen Strukturen und verschiedenen Arten von Baumaßnahmen (Unterscheidung nach Sparten, Laufzeit, Organisationskonzept u.a.) angepasst werden muss.

- Im traditionellen, primär durch die Eigenerbringung der Leistung gekennzeichneten Bauen (z. B. Rohbau) haben sich in den vergangenen Jahren verschiedene Methoden der baubegleitenden Nachkalkulation (reine Ermittlung von Ist-Daten) sowie der Soll-Ist-Vergleiche entwickelt, die im Rahmen des Bauprojekt-Managements aber bezüglich ihrer Verfügbarkeit und Aussagefähigkeit weiterzuentwickeln und in ein durchgängiges, unternehmerisches Konzept zu integrieren sind.[5]
- Im Straßen- und Tiefbau gelten für das Bauprojekt-Management andere Voraussetzungen als im Hochbau, weil meist keine exakten – z. B. durch Voraufmaß ermittelten – Ausführungsmengen vorliegen, da die örtlichen Gegebenheiten oft erst nach Aufreißen des jeweiligen Untergrundes zu erkennen sind. Somit ist insbesondere die Planung, Kontrolle und Steuerung von Soll- und Ist-Mengen problematisch.[6]
- Im Schlüsselfertigbau liegt der Fokus auf der Betreuung und Überwachung der Nachunternehmerleistungen (Generalunternehmergeschäft und Baubetreuung). Ziel des Bauprojekt-Managements ist dabei, ein in der Regel durch den Pauschalpreis bestimmtes Budget – aufgegliedert für einzelne Gewerke – durch gezielte Vergaben an Nachunternehmen zu unterschreiten, um durch positive Vergabedifferenzen einen möglichst hohen Überschuss zu erwirtschaften. Bei der (teilweisen) zusätzlichen Übernahme von gestalterisch-konstruktiven Planungsleistungen sind diese Aufgaben in die Instrumente des Bauprojekt-Managements zu integrieren, alleine schon, weil das Mengenrisiko auf den Auftragnehmer übergeht (vom mitplanenden Generalunternehmer zum Generalübernehmer).[7]

5.5 Kundenrisiko und offene Nachträge

Aus mannigfaltigen Gründen erfährt jedes Bauwerk im Laufe des Planungsprozesses Änderungen. Manche dieser Änderungen erfolgen erst nach Vergabe der Bauleistung und ziehen, je nach vertraglicher Situation, Nachträge nach sich. Diese Nachträge haben häufig einen bedeutenden Einfluss auf das Bauprojekt.

Die richtige Bewertung von Nachträgen ist eine schwierige und heikle Aufgabe für den Projektleiter. Die Bewertung von Nachträgen ist noch komplexer im Falle der Leistungsvergabe an einen Nachunternehmer. Dann sind zwei Nachtragssichten im Griff zu behalten: diejenige zum eigenen Auftraggeber und diejenige zum Nachunternehmer.

---

5 Vgl. Günther, Ch.: Oepen, R.: Nachkalkulation als 1. Stufe des Baustellen-Controlling, BWI-Bau-Leitfaden für die Praxis, Heft 3, 3. Aufl., Düsseldorf 1996.

6 Vgl. Rudert, B. D.; Flesch, H.: Baustellen-Controlling mit EDV. In: Teerbau-Veröffentlichungen (1996) Nr. 2, S. 87-93.

7 Vgl. Paul, W.: Steuerung der Bauausführung. Schriftenreihe des Instituts für Baubetriebslehre an der Universität Stuttgart, Bd. 39, hrsg. von Berner, F., Stuttgart 1998, S. 124 ff.

Auch wenn zu fordern ist, dass Nachträge vor Ausführungsbeginn schriftlich vereinbart sein müssen, ist dies in der Praxis nicht immer umsetzbar. Durch diese „offenen Nachträge“ ergibt sich die Situation eines „vertraglich unsicheren“ Zustands: Es wird geleistet ohne Auftrag. Im übertragenen Sinne gilt Gleiches für die Nachunternehmerseite – also die Kostenseite – und deren offenen Nachtragsforderungen. Dies wirft wichtige Fragen auf: Aus welchem Grund ist der Nachtrag noch nicht genehmigt? Wie soll dies im System des Bauprojekt-Managements abgebildet werden? Wie sind die Kosten und Erlöse des ungenehmigten Nachtrages in die Fortschreibung der Kalkulation einzustellen? Wer trifft diese Entscheidungen? Können allgemein gültige Regeln für diese Entscheidungen aufgestellt werden?

Auf diese Fragen werden mit dem nachfolgend vorgestellten System konkrete Antworten gegeben. Die Erfahrung zeigt aber, dass die Bewertung offener Nachträge mit hohen Unsicherheiten behaftet bleibt und entscheidenden Einfluss auf das Projektergebnis haben kann. Ein gutes Bauprojekt-Management-System schafft Transparenz, indem es die Bandbreite der Bewertung auf einen Blick greifbar macht. Darum gehen wir speziell auf den Umgang mit Nachträgen ausführlich in Teil C dieses Buches ein.

Das beste Bauprojekt-Management-System kann eine wesentliche unternehmerische Entscheidung nicht abnehmen: „Mit welchem potenziellen Auftraggeber gehe ich eine Geschäftsbeziehung ein?“ Bei neuen Auftraggebern ist darum die Auftragsverhandlung besonders wichtig, um rechtzeitig einzuschätzen, ob eine faire und vertrauensvolle Zusammenarbeit möglich ist. Denn ohne Partnerschaft mit unseren Kunden ist eine wirtschaftliche optimierte Bauwerkserstellung nicht möglich, selbst wenn wir ein gut funktionierendes Bauprojekt-Management-System im Unternehmen etabliert haben.

5.6 Finanzierungskosten

Die Literatur zum Thema „Bauprojekt-Management“ ist von Ingenieuren geprägt, da diese in der Praxis für die Führung eines Bauprojektes verantwortlich sind, also die entsprechende Erfahrung besitzen. Dies mag erklären, warum das Thema der Finanzierungskosten meist ausgespart und in das Rechnungswesen verlagert wird. Dies ist aus zwei Gründen von Nachteil. Erstens ist der „Techniker“ sowohl bei Auftragsverhandlung (Zahlungskonditionen, Zahlungspläne) als auch in der Ausführung (zeitnahe Abrechnung) für die Verursachung bzw. die Optimierung von Finanzierungskosten verantwortlich. Zweitens kann durch die Darstellung der Finanzierungskosten in dem Bauprojekt-Management ein Anreiz für die Projektleitung gesetzt werden, sich beim Kunden auch um die Bezahlung der in Rechnung gestellten Leistung zu kümmern. Dies geschieht in der Praxis durch frühzeitige Rechnungsstellung und schnelle Mängelbeseitigung.

5.7 Preisänderungen bezogener Güter und Leistungen

Es ist nicht immer zu verhindern, dass während der Bauausführung gewichtige Preisänderungen, z. B. bei Energiekosten oder Rohstoffen, zu verkraften sind. Sofern mit dem Kunden Preisgleitklauseln vereinbart werden können, sind die Änderungen sowohl auf Kosten- als auch Erlösseite in die Kalkulation einzuarbeiten.

Dabei bietet sich bei Positionen von hohem Gewicht folgendes Vorgehen an:

Die betroffenen Positionen sind mittels einer Preisänderungsgliederung in einen Mengenteil vor Preisänderung und in einen Mengenteil nach Preisänderung zu unterscheiden. Jeder der beiden Teile hat eine eigene Positionsmenge und unterschiedliche Kalkulationswerte auf der Kostenseite. Ob auch die Erlösseite einen unterschiedlichen Preis hat, hängt davon ab, ob eine Preisgleitklausel durchgesetzt werden konnte.

In der Bauablaufplanung und in der Leistungsermittlung sind die „untergliederten Positionen“ eigenständig zu berichten, ggf. auch abzurechnen. Dabei kann bei sehr lang laufenden Projekten dieselbe Position auch in mehr als 2 Teile untergliedert werden.

In denjenigen Fällen, welche sich auf eine Vielzahl von Positionen auswirken, – z. B. im Fall gestiegener Energiekosten – ist es vorteilhaft, auf eine Spaltung allzu vieler Positionen zu verzichten und einen gemittelten Preis auf das Projektende hochzurechnen und für alle Positionen zu verwenden. Denn entstehende Ungenauigkeiten bei der „Stichtagsbetrachtung“ können in Kauf genommen werden, wenn sie von untergeordneter Größe sind, oder wenn die Übersichtlichkeit des Controllingsystems durch die Positionsspaltung unangemessen beeinträchtigt würde.

5.8 Notwendigkeit der Vertragskalkulation (VK)

Wie in der KLR Bau beschrieben, wird sofort nach Auftragserteilung aus der Angebotskalkulation die Vertragskalkulation abgeleitet, in welche innerhalb weniger Tage alle Verhandlungsergebnisse eingearbeitet werden.

> Zur besseren Unterscheidung von der Arbeitskalkulation verwenden wir den Begriff Vertragskalkulation (VK) anstelle von Auftragskalkulation.

Die Vertragskalkulation kann inhaltlich mit der Angebotskalkulation identisch sein, oder auch aufgrund der Auftragsverhandlung von der Angebotskalkulation abweichen. Diese Veränderungen betreffen die Erlös- und Kostenebene bei Leistungsänderungen und die Erlösebene im Falle von Nachlässen.

Die Vertragskalkulation weist das Vertragsverhältnis zwischen Auftraggeber und Auftragnehmer aus. Sie beinhaltet daher alle Kostenbestandteile, so wie sie zum Zeitpunkt der Auftragsvergabe bekannt waren und kalkuliert wurden. Nun ist die im Bauvertrag fixierte Leistungsseite eben nicht fix, sondern alleine schon wegen des im § 1 VOB/B ausgeführten Leistungsänderungsrechts des Auftraggebers variabel. Leistungsänderungen können zwei unterschiedliche Ursachen haben: erstens, die Mehrung oder Minderung der auszuführenden Menge; zweitens die Änderung der Leistungsart an sich, z. B. Marmor- statt Keramikfliesen. Diese Variabilität der Leistungsseite wird umgesetzt durch die Fortschreibung der Vertragskalkulation. Damit fokussiert sich diese Datensicht auf die (vertraglich eingegangene) Kosten- und Erlössituation eines Bauprojektes zum Bauprojektende. In ihr werden die ursprünglichen Daten also nur aktualisiert, im Falle auftraggeberseitig zu vertretender Veränderungen des Bau-Solls in Form von genehmigten Nachträgen oder wenn Leistungen kostenneutral umgeschichtet werden, z. B. NU-Leistungen ersetzen Eigenleistungen oder Stahlbauarbeiten ersetzen Schlosserarbeiten. Um dies zu dokumentieren, erfolgt mit jedem genehmigten Nachtrag automatisch eine iterative Aktualisierung der Vertragskalkulation von einer VK(o) hin zu einer VK(i). Der Index (i) steht dabei für eine beliebige Fortschreibung, also eine VK(1), VK(2) usw. bis VK(n).

Vereinfachend kann gesagt werden, dass die für den Vertrieb verantwortliche Geschäftsführung mit der Vertragskalkulation das von ihr zum Zeitpunkt des Vertragsabschlusses eingeschätzte Projektvolumen und Ergebnis feststellt. Dieses wird in SF-Projekten im so genannten Budget festgeschrieben.

5.9 Eingliedrige versus zweigliedrige Auswertung der Arbeitskalkulation

Der Arbeitskalkulation kommt im System des Bauprojekt-Managements eine besondere Bedeutung zu, da sie neben der bauwerksmodellbezogenen Ermittlung der geleisteten Mengen das zweite wesentliche Instrument des Bauprojekt-Managements darstellt.

Die Arbeitskalkulation konzentriert sich auf die bauunternehmensinterne Projektsicht. In ihr werden alle bereits realisierten oder zukünftig zu erwartenden Änderungen der Herstellkosten und des voraussichtlichen Auftragswertes berücksichtigt. Dazu gehören:

- genehmigte und nicht genehmigte Nachträge und Nachtragspotenziale,
- Mengenänderungen mit/ohne Erlösänderung,
- Ausführungsänderungen mit/ohne Nachtrag/Erlösänderung,
- Korrektur von Kalkulationsannahmen (Kalkulationsfehler, geänderte Leistungsansätze),
- die Auflösung von Spekulationen.

Die eingliedrige Arbeitskalkulation muss zwei sich widersprechende Aufgaben erfüllen. Sie dient zum einen als Leistungsvorgabe für die Projektleitung und soll gleichzeitig Prognose hinsichtlich des Bauprojektendes sein, unter Berücksichtigung aller bereits eingetretenen oder bekannten zukünftigen Abweichungen von den vertraglichen Grundlagen. Dennoch stellt heute die eingliedrige Auswertung der Arbeitskalkulation in den meisten Baubetrieben und im Geschäft von Generalunternehmern (GU) den Regelfall dar. Die eingliedrige Arbeitskalkulation ist in der KLR Bau ausführlich erläutert. Dabei wird die Arbeitskalkulation um alle sich aus dem Baufortschritt ergebenden Änderungen unabhängig von ihrer „Ursache-Wirkungs-Beziehung“ aktualisiert.

Bei bestimmten Projekttypen, z. B. bei Aufträgen kleiner als 250 T€ und einer Bauzeit von weniger als vier Monaten, ist die eingliedrige Arbeitskalkulation ein praktikables Werkzeug.

Demgegenüber unterscheidet die zweigliedrige Arbeitskalkulation die „Ursache-Wirkungs-Beziehung“ aller auftraggeberseitig und auftragnehmerseitig zu vertretenden Sachverhalte, getrennt nach dem Verantwortungsbereich Geschäftsführung/Vertrieb und Projektleitung (vgl. Abb. 6). Dies entspricht den beiden unterschiedlichen Aufgaben der Arbeitskalkulation:

- Sie dient als „Lieferant des fairen Bewertungsmaßstabes“ für die Kontroll- und Steuerungsaufgaben während der Bauausführung. Darum werden sowohl genehmigte Nachträge wie auch nicht durch die Projektleitung zu vertretende Sachverhalte in die

Arbeitskalkulation-Leistungsvorgabesicht eingepflegt. Sie ist also Leistungsvorgabe für die Projektleitung.

- Sie ist aber auch „Speicher für die Prognose" dergestalt, dass die in den Abweichungsanalysen ermittelten aktualisierten Werte in die Arbeitskalkulation-Prognosesicht eingepflegt werden.

Das zweigliedrige Auswerten der Arbeitskalkulation ist nichts anderes, als die laufende Anpassung der Arbeitskalkulation unter Kennzeichnung, ob die Veränderung von der Projektleitung zu vertreten ist oder nicht. Auf die Behandlung von Nachträgen wird getrennt eingegangen. Damit sind Abweichungen vom Plan nicht nur schnell, sondern auch der Ursache und der Zuständigkeit nach erkennbar.

Die erste Auswertungssicht heißt **Arbeitskalkulation-Leistungsvorgabesicht (AK)**. Sie wird von der Vertriebsleitung in Abstimmung mit der Projektleitung erstellt und ist als Leistungsvorgabe die Zielsetzung für die Projektleitung. Die Arbeitskalkulation-Leistungsvorgabesicht werden wir im Weiteren **verkürzt mit Arbeitskalkulation (AK)** bezeichnen. Diese Sichtweise enthält alle genehmigten Nachträge sowie teilweise auch nicht genehmigte und abgelehnte Nachträge. Um die Änderungen gegenüber der ersten Arbeitskalkulation zu dokumentieren, wird die AK(o) hin zu einer fortgeschriebenen Leistungsvorgabesicht AK(i) gekennzeichnet.

Die zweite Auswertungssicht ist die **Arbeitskalkulation-Prognosesicht (PK)**, erstellt von der Projektleitung unter Einbeziehung und Bewertung aller bekannten Informationen. Wir nennen sie **verkürzt Prognosekalkulation (PK)**. Diese Sichtweise enthält alle im Bauverlauf bereits aufgetretenen sowie zukünftig zu erwartenden Änderungen auf Kosten- wie auch auf der Erlösseite, unabhängig davon, ob die Änderung einen auftraggeberseitig zu vertretenden Nachtrag auslöst oder ob die Veränderung auf auftragnehmerseitig zu vertretende Umstände zurückzuführen ist. Um auch dies zu dokumentieren, erfolgt mit jeder Veränderung der Rahmenbedingungen automatisch eine iterative Aktualisierung der Arbeitskalkulation-Prognosesicht PK(o) hin zu einer fortgeschriebenen Prognosesicht PK(i). In der Prognosesicht wird also die (Erst-) Prognose des Bauprojektes ständig aktualisiert, sobald Abweichungen des Bau-Solls jedweder Art aufgetreten sind oder diese erkennbar werden. Die Änderungen können in Form von Kurznotizen erläutert werden, um später die Ursachen schnell nachvollziehen zu können.

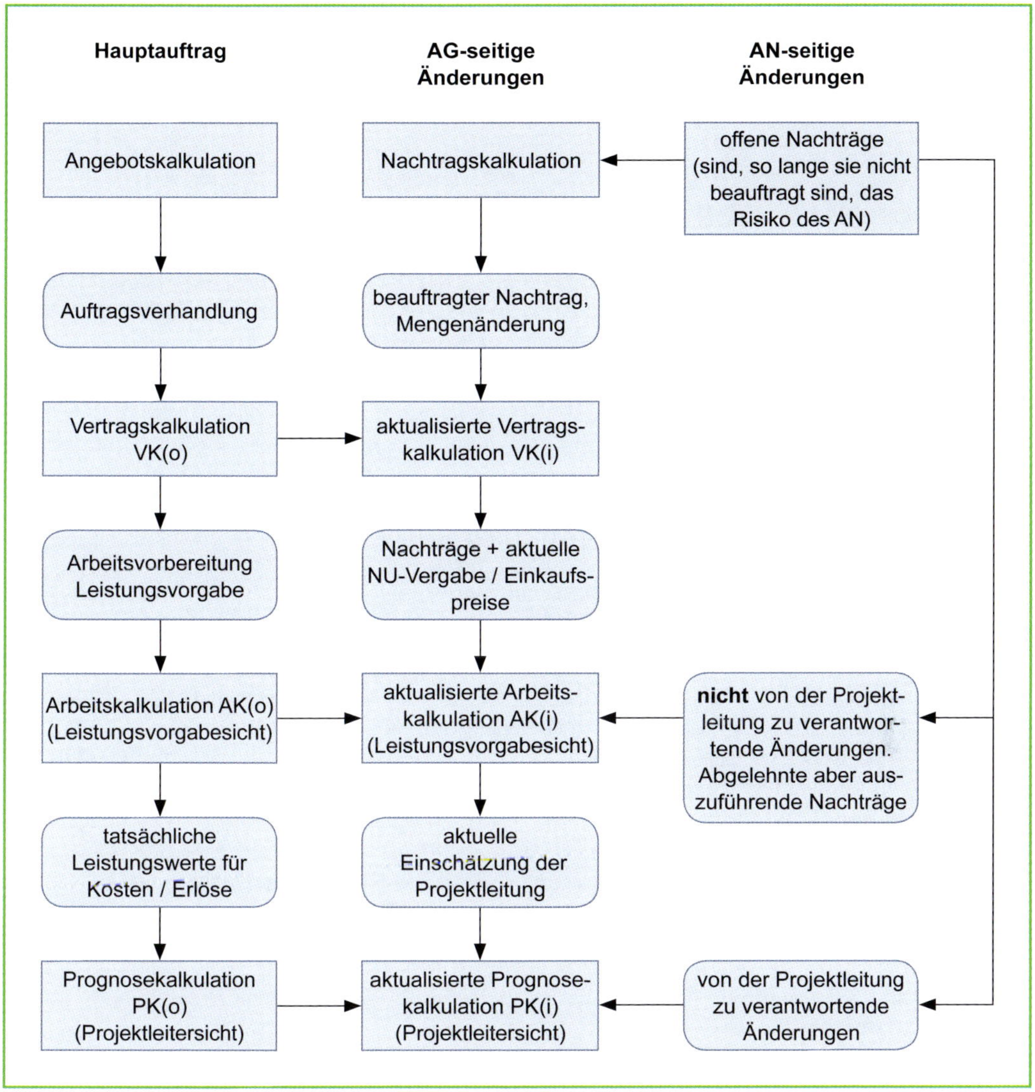

Abb. 6: Entwicklung der Kalkulation im Laufe der Projektrealisierung

Die differenzierte Pflege und Auswertung in Form der zweigliedrigen Auswertung der Arbeitskalkulation bringt hohe Transparenz in die Beurteilung von laufenden Projekten zum Stichtag sowie zum Projektende, insbesondere was die Nachtragssituation angeht. Sie macht sowohl die Beurteilungsbandbreite als auch die Verantwortlichkeiten sichtbar und verständlich. Voraussetzung für eine seriöse und richtige Bewertung speziell von Eigenleistungen ist, dass die zugrunde liegende Ermittlung der zum Stichtag geleisteten Mengen sorgfältig erfolgt ist.

Zusammenfassend kann festgestellt werden, dass die zweigliedrige Auswertung der Arbeitskalkulation notwendig ist, um Ursachen und Verantwortlichkeiten für Abweichungen vom Plan einfach, effizient und leicht verständlich darzustellen. Hierfür wird eine entsprechend ausgerichtete und komfortable Software als zeitsparendes Werkzeug benötigt.

6 Stolpersteine bei der Einführung

Verschiedenste Untersuchungen, ebenso wie die persönliche Erfahrung der Autoren, haben gezeigt, dass es oft die gleichen Gründe sind, an welchen eine nachhaltige Einführung eines Bauprojekt-Management-Systems im Bauunternehmen scheitert:

- Die Unternehmensführung ist der Meinung, dass die bisher praktizierten Arbeitsweisen völlig ausreichend sind und nicht wesentlich verbessert werden können. Sie meint, dass Kosten und Nutzen des Bauprojekt-Managements in einem schlechten Verhältnis stehen.
- Die vorherrschende Unternehmenskultur ist nicht mit einer transparenten Darstellung der differenzierten Projektdaten und der Projektrisiken vereinbar (zum Beispiel sperren sich Projektleiter oder Bauleiter gegen Transparenz).
- Planung wird als Arbeitsprinzip abgelehnt und durch Improvisation ersetzt.
- Die Organisation ist nicht vorbereitet, infolgedessen ist die Informationsbeschaffung aufgrund bestehender Lücken zu aufwendig.
- Die Übergabe von Vertrieb an Projektleitung erfolgt viel zu spät und ist oft nur unzureichend dokumentiert und systematisiert. Die erforderliche Vorbereitungszeit für das Bauprojekt-Management wird nicht gewährt, die Bauausführung „sollte eigentlich am besten schon gestern begonnen haben".
- Die Qualifikation der einzubeziehenden Mitarbeiter reicht nicht aus, aber für deren Weiterqualifikation werden keine oder nur unzureichende Ressourcen bereitgestellt.
- Die Anforderungen an die Softwarewerkzeuge können nicht formuliert werden, die richtigen Softwarewerkzeuge stehen nicht zur Verfügung.
- Es gelingt dem Bauleiter nicht, die Leistungsmengen dauerhaft stichtagsbezogen genau genug zu ermitteln.
- Es wird versucht, ein einheitliches Bauprojekt-Management-System für alle Baustellengrößen und Baustellentypen (Hochbau, Tiefbau, SF-Bau, etc.) einzuführen, das den Anforderungen der unterschiedlichen Baustellentypen nicht gerecht wird.
- Es werden keine erreichbaren Leistungsvorgaben erstellt, sondern die Leistungsvorgaben werden vom „Marktpreis" rückwärts gerechnet (dazu zählt auch das Spielen mit Zuschlägen bei Allgemeinen Geschäftskosten [AGK].)

Bevor mit der Einführung eines Bauprojekt-Management-Systems begonnen wird, sollten obige Stolpersteine explizit angesprochen und aus dem Weg geräumt werden. Dies ist die Aufgabe der Geschäftsführung des Unternehmens. Es empfiehlt sich, die Einführung und den Projektfortschritt mit erfahrenen externen Fachleuten zu verfolgen sowie entsprechende Qualifikationsmaßnahmen für die eigenen Mitarbeiter von Anfang an einzuplanen.

7 Phasen des Bauprojekt-Managements

Nachdem die Grundlagen und Besonderheiten des Bauprojekt-Managements in Bezug auf deren Anwendung im eigenen Unternehmen durchdacht und mögliche Stolpersteine identifiziert und beseitigt wurden, kann mit der Umsetzung begonnen werden.

Ziel des Bauprojekt-Managements ist es, die gesamte Bauprojektrealisierung durch ein ganzheitliches System koordinierend zu begleiten. Dazu unterscheiden wir drei wesentliche Phasen:

- die planungszentrierte **Phase vor der Bauausführung**,
- die kontroll- und steuerungszentrierte **Phase während der Bauausführung** und
- die analysezentrierte **Phase nach der Bauausführung**.

Diese drei Phasen werden wir in den nun folgenden Teilen B bis D beschreiben.

Fazit Teil A

Obwohl regelmäßig Bauprojekte unerwartet aus dem Ruder laufen und ganzen Unternehmen die Existenz kosten können, scheitern viele Unternehmen der Baubranche daran, ein funktionierendes Projekt-Managementsystem zur sicheren Steuerung ihrer Projekte und damit ihres Unternehmens zu etablieren. Was sind die Ursachen?

Den Unternehmen gelingt es nicht, die organisatorischen Voraussetzungen zu schaffen. Gerade in größeren Unternehmen führen Abteilungsgrenzen und eine tayloristische Aufgabenteilung zu Fehlern und Informationsverlusten. In der Folge fehlt die notwendige Informationsbasis für eine vernünftige Steuerung: Es ist nicht zeitnah feststellbar, ob sich das Bauprojekt plangemäß entwickelt.

Der Erfolg eines Bauprojektes entscheidet sich zu einem Großteil **vor** Vertragsabschluss. Darum verdient die projektvorbereitende Phase des Projekt-Managements und des Vertriebs höchste Aufmerksamkeit. Dennoch gelingt es den meisten Unternehmen nicht, genügend Kapazität freizumachen, um die angebotenen Projekte im Voraus sorgfältig durchzuplanen, dabei Risiken zu erkennen und alternative Lösungsvorschläge zu erarbeiten. Dies hat auch damit zu tun, dass zu wenig in den Vertrieb investiert wird. Eine aktive Kundenpflege wird nicht betrieben. Eine bewusste Selektion von Kunden und Projekten ist die Ausnahme. Projekte können somit nicht von langer Hand vorbereitet werden. Zufällig eingehende Anfragen werden schnell angeboten und aus Zeitgründen manchmal nur oberflächlich kalkuliert.

Um bei gewonnenen Aufträgen alle Mitarbeiter ins „Projekt-Management-Boot" zu holen, ist es Aufgabe der Führung, die drei Barrieren des „Dürfens", des „Könnens" und des „Wollens" zu beseitigen. Gegebenenfalls sind hierzu Verantwortlichkeiten anders zu verteilen (Aufbauorganisation) und Arbeitsweisen (Ablauforganisation) zu ändern. Während der Bauphase gilt es insbesondere, die Leistungsvorgabesicht von der Prognosesicht strikt zu unterscheiden. Besonderes Augenmerk sollte auf die transparente Bewertung von Nachträgen gelegt werden.

In der Baubranche sind bei der Wahl des geeigneten Projekt-Managementsystems im Detail Unterschiede zu machen. Projektentwickler und Schlüsselfertigbauer/Generalunternehmer müssen anders vorgehen als bauausführende Unternehmen. Der Tiefbau hat andere Rahmenbedingungen als der Hochbau. Kleine Projekte sind anders zu führen als große. Und auch die Vertragsform hat Einfluss auf die Ausgestaltung des Bauprojekt-Management-Systems.

Es lohnt sich vor Einführung des Bauprojekt-Managements die bekannten „Stolpersteine" selbstkritisch durchzugehen, um fehlende Voraussetzungen bereits im Vorfeld erkennen und abklären zu können.

TEIL B

Planungsrechnung vor der Bauausführung

1 Angebotskalkulation

Die Planungsrechnung beginnt mit der Erstellung des Angebotes. Viele der entscheidenden Weichenstellungen finden schon bei der Angebotsselektion und der nachfolgenden Angebotskalkulation statt. Es muss darum wichtigstes Ziel sein, so viel Kapazität wie wirtschaftlich gerade noch vertretbar in die Angebotsphase interessanter Projekte zu investieren. Dazu gehört eine eigene Ermittlung der Mengen (zumindest der Hauptleistungspositionen) sowie eine erste Bauablaufplanung, welche auch bei der Erstellung eines Zahlungs- und Liquiditätsplans gute Dienste leistet.

Diese erste auf Planungsaktivitäten ausgerichtete Phase dient dazu, Risiken rechtzeitig und richtig zu erkennen. Gleichzeitig wird als Nebenprodukt bereits der Grundstein für die Arbeitsplanung der späteren Bauausführung gelegt. Dies gelingt nur, wenn die Projektleitung in die Akquisition und in die Angebots- und Auftragskalkulation einbezogen wird.

Gefordert ist eine wesentliche Optimierung und Qualitätssteigerung der Angebotsbearbeitung. Nur durch eine Systematisierung der Kalkulationsarbeit mit moderner Software und die Konzentration der Kalkulationskapazitäten auf chancenreiche Projekte kann die Genauigkeit der Kostenermittlung vor Angebotsabgabe bzw. Auftragserteilung deutlich erhöht werden. Ein aktiver Vertrieb leistet die hierzu wichtige Vorarbeit.

Dieses Vorgehen ist empfehlenswert, da der Erfolg oder Misserfolg eines Bauprojektes zu einem großen Teil bereits in der Angebotsphase festgelegt wird.

Um die weiteren Ausführungen nicht nur theoretisch zu beschreiben, sondern mit realitätsnahen Zahlen zu unterlegen, wird nachfolgend auf ein Beispielprojekt (Bauprojekt SF-Bau) zurückgegriffen, das von folgender Ausgangssituation ausgeht:

	Summe Einzelkosten Kellergeschoss	96.681,72 €
+	Summe Einzelkosten Erdgeschoss	250.000,00 €
+	Summe Einzelkosten Obergeschoss	220.000,00 €
+	Summe Einzelkosten Dachgeschoss	56.318,28 €
=	Summe Einzelkosten	623.000,00 €
+	Summe Baustellengemeinkosten	267.000,00 €
=	Summe Herstellkosten	890.000,00 €
+	AGK (10 %) als Plan-Umlage	102.299,00 €
+	Wagnis und Gewinn [W+G] (insgesamt ca. 3 %)	30.691,00 €
=	Netto-Auftragssumme	1.022.990,00 €

Um das Beispiel übersichtlich zu gestalten, werden dabei nur das Kellergeschoss und auszugsweise die Ermittlung der Baustellengemeinkosten betrachtet. Nachfolgend sind zur Veranschaulichung ein Auszug aus den Vorbemerkungen, das Leistungsverzeichnis des Kellergeschosses (vgl. Abb. 7), die darauf basierende Angebotskalkulation des Kellergeschosses (Auszug) (vgl. Abb. 8) sowie die in der Angebotskalkulation enthaltenen Baustellengemeinkosten (Auszug) (vgl. Abb. 9) dargestellt:

Vorbemerkungen (Auszug):

- Die erforderliche Baustelleneinrichtung, Aufbauen, Liefern, Vorhalten und Wiederentfernung – einschließlich der erforderlichen Hebezeuge und Transportgeräte – ist mit den Einheitspreisen abgegolten.
- Das Unternehmen hat einen fachkundigen Bauleiter zu stellen, der ebenfalls über die Einheitspreise vergütet wird.
- Vermessungsarbeiten sind ebenfalls mit den Einheitspreisen abgegolten.
- Der Auftraggeber stellt die geprüfte Statik dem Auftragnehmer zur Verfügung. Auf der Basis der vom AG zur Verfügung gestellten Objektplanung hat der AN die Schal- und Bewehrungspläne zu erstellen und prüfen zu lassen. Die Vergütung hierfür ist ebenfalls mit den Einheitspreisen abgegolten.
- Die im zehnjährigen Mittel auftretenden Wetterbedingungen trägt der Auftragnehmer.
- Vertraglich zugesicherte Fertigstellung: 28. Februar 2011, Vertragsstrafe max.10 % der Auftragssumme, arbeitstäglich 0,1 % der Auftragssumme.

Leistungsverzeichnis (Auszug):

Titel Position	Menge Einheit	Positionsbeschreibung	EP	GP
1		**Erdarbeiten**	___	___
1.010	900,000 m³	Boden lösen und seitlich lagern Boden nach Angabe des AG lösen und seitlich lagern Abgerechnet wird nach Abtragsprofilen	___	___
1.020	150,000 m³	Abfuhr von überschüssigem Boden Abfuhr von überschüssigem Boden nach Angabe des AG auf Kippe des AG	___	___
1.030	750,000 m³	Arbeitsraum Hinterfüllung des Arbeitsraumes mit dem gelagerten Boden	___	___
2		**Beton- und Stahlbetonarbeiten**	___	___
2.010	225,000 m²	Sauberkeitsschicht C 8/10, d = 5 cm Ortbeton der Sauberkeitsschicht, aus unbewehrtem Beton, als Normalbeton C 8/15 liefern und einbauen, Oberflächen eben abziehen d = 5 cm	___	___
2.020	120,000 m³	Fundamentbeton C 20/25, d = 60 cm Ortbeton des Streifenfundamentes, obere Betonfläche waagrecht, aus Stahlbeton, als Normalbeton C 20/25 liefern und einbauen, d = 60 cm	___	___
2.030	120,000 m³	Wandbeton C 20/25, d = 30 cm Ortbeton der tragenden Stahlbetonwände als Normalbeton C 20/25 liefern und einbauen, d = 30 cm	___	___
2.040	200,000 m²	Schalung der Fundamente Schalung der Streifenfundamente, Bauteilhöhe über 0,50 bis 1,00 m	___	___
2.050	800,000 m²	Schalung der Stützwand Schalung der Stahlbetonwände, aus glatter Schalung, einseitig sichtbar bleibende Betonoberfläche, Betonfläche absatzfrei, Bauteilhöhe über 2 bis 3 m	___	___
2.060	12,000 t	Betonstahl 500 S Betonstahl 500 S, Durchmesser über 10 bis 16 mm, Längen bis 14 m, liefern, schneiden, biegen und verlegen	___	___
2.070	12,000 t	Betonstahlmatten 500 M Betonstahlmatten 500 M, Ausführung als Lagermatten, liefern, schneiden und verlegen	___	___
2.080	9,500 m	Dehnungsfugen Fugenband aus PVC als einbaufertiges System, Breite 300 mm, DIN 18541 für Dehnungsfugen in Fundament und Stahlbetonwänden lotrecht liefern und einbauen, Fugenbreite bis 20 mm	___	___
2.090	160,000 m	Arbeitsfugen Fugenbleche für Arbeitsfugen im Streifenfundament liefern und einbauen, Einbaulage horizontal, Blechbreite b = 30 cm	___	___
2.100	30,000 m	Sollbruchfugen Fugenband aus PVC als einbaufertiges System liefern und einbauen, DIN 18541 für Sollbruchfugen lotrecht, Dichtungsrohr d > 80 mm einschließlich erforderlicher Trapezleisten	___	___

Abb. 7: Auszug aus den Vorbemerkungen und aus dem Leistungsverzeichnis des Kellergeschosses

Kostenart	Einzelkosten der Teilleistungen	Kosten je Einh. o. Zuschl.			Kosten insgesamt ohne Zuschlag			
		Stunden [h]	SoKo [€]	NU [€]	Stunden [h]	Löhne h * 31,45 [€]	SoKo [€]	NU [€]
	Pos. 1.010: 900 m³ Aushub und seitliches Lagern							
	Laderaupe 50 kW, diese leistet 20 m³/h							
443302	Betrieb Laderaupe: 6,00 €/h: 20 m³/h =		0,30					
413302	Vorhaltung Laderaupe: 25,78 €/h: 20 m³/h =		1,29					
160011	Bedienung 2 Mann: 2 Ah/h: 20 m³/h =	0,100						
		0,100	1,59		90,00	2.830,50	1.431,00	
	Pos. 1.020: 150 m³ Abfuhr							
710503	2 Fahrzeuge: 2 x 50,00 €/h: 20 m³/h =		5,00					
			5,00				750,00	
	Pos. 1.030: 750 m³ Hinterfüllung							
	Laderaupe 50 kW, diese leistet 20 m³/h							
443302	Betrieb Laderaupe: 6,00 €/h: 20 m³/h =		0,30					
413302	Vorhaltung Laderaupe: 25,78 €/h: 20 m³/h =		1,29					
443524	Betrieb Rüttelplatte: 0,97 €/h: 20 m³/h =		0,05					
413524	Vorhaltung Rüttelplatte: 6,95 €/h: 20 m³/h =		0,35					
160011	Bedienung 3 Mann: 3 Ah/h: 20 m³/h =	0,150						
		0,150	1,99		112,50	3.538,12	1.492,50	
	Pos. 2.010: 225 m² Sauberkeitsschicht 5 cm							
	- U-Pos. 1: C 8/10 Einbringen:							
160011	Lohn: 0,05 m³ x 2 h =	0,100						
240101	B5: 0,05 m³ x 50,00 € =		2,50					
	- U-Pos. 2: Abziehen:							
160011	Lohn: 0,100 h =	0,100						
		0,200	2,50		45,00	1.415,25	562,50	
	Pos. 2.020: 120 m³ Fundamentbeton C 20/25							
160011	Lohn:	0,700						
240105	C 20/25:		65,00					
		0,700	65,00		84,00	2.641,80	7.800,00	
	Pos. 2.030: 120 m³ Wandbeton C 20/25							
160011	Lohn:	1,330						
240105	C 20/25:		65,00					
		1,330	65,00		159,60	5.019,42	7.800,00	
	Pos. 2.040: 200 m² Fundamentschalung							
	- U-Pos. 1: Schalen Vorderwand Fund.							
160011	Lohn: 0,5 x 0,4 h	0,200						
330401	Schalung: 0,5 x 10,00 €		5,00		40,00	1.258,00	1.000,00	
	- U-Pos. 2: Ausschalen Vorderwand Fund.							
160011	Lohn: 0,5 x 0,1 h	0,050			10,00	314,50		
	- U-Pos. 3: Schalen Rückwand							
160011	Lohn: 0,5 x 0,73 h	0,365						
330401	Schalung: 0,5 x 10,00 €		5,00		73,00	2.295,85	1.000,00	
	- U-Pos. 4: Ausschalen Rückwand							
160011	Lohn: 0,5 x 0,27 h	0,135			27,00	849,15		
		0,750	10,00		150,00	4.717,50	2.000,00	
	Pos. 2.050: 800 m² Wandschalung							
	- U-Pos. 1:							
160011	Lohn: 0,5 x 0,73 h	0,365						
330401	Schalung: 0,5 x 10,00 €		5,00		292,00	9.183,40	4.000,00	
	- U-Pos. 2: Ausschalen Vorderwand							
160011	Lohn: 0,5 x 0,27 h	0,135			108,00	3.396,60		
	- U-Pos. 3: Schalen Rückwand							
160011	Lohn: 0,5 x 0,73 h	0,365						
330401	Schalung: 0,5 x 10,00 €		5,00		292,00	9.183,40	4.000,00	
	- U-Pos. 4: Ausschalen Rückwand							
160011	Lohn: 0,5 x 0,27 h	0,135			108,00	3.396,60		
		1,000	10,00		800,00	25.160,00	8.000,00	
	Pos. 2.060: 12 t							
830105	Schneiden, Biegen, Liefern und Verlegen			750,00				
				750,00				9.000,00
	Pos. 2.070: 12 t							
830108	Schneiden, Liefern und Verlegen			750,00				
				750,00				9.000,00
	Pos. 2.080: 9,5 lfm. Dehnungsfugen							
160011	Lohn:	1,000						
250523	Dehnungsfugenband:		7,50					
		1,000	7,50		9,50	298,78	71,25	
	Pos. 2.090: 160 lfm. Arbeitsfugen							
160011	Lohn:	0,300						
250525	Fugenblech		2,50					
		0,300	2,50		48,00	1.509,60	400,00	
	Pos. 2.100: 30 lfm. Sollbruchfugen							
160011	Lohn:	1,000						
250527	Sollbruchfuge:		10,00					
		1,000	10,00		30,00	943,50	300,00	
	Summe EKT:				**1.528,60**	**48.074,47**	**30.607,25**	**18.000,00**

Abb. 8: Auszug aus der Angebotskalkulation: Kellergeschoss

Kostenart	Baustellengemeinkosten	Kosten je Einh. o. Zuschl. Stunden [h]	SoKo [€]	NU [€]	Kosten insgesamt ohne Zuschlag Stunden [h]	Löhne h * 31,45 [€]	SoKo [€]	NU [€]
	Int.-Pos. 1:							
	1 psch. Baustelle Einrichten und Räumen							
	- U-Pos. 1: Einrichten							
160011	Lohn:	140,000						
710503	Transporte:		1.980,00		140,00	4.403,00	1.980,00	
	- U-Pos. 2: Räumen							
160011	Lohn:	80,000						
710503	Transporte:		720,00		80,00	2.516,00	720,00	
		220,000	2.700,00		220,00	6.919,00	2.700,00	
	Int.-Pos. 2:							
410010	**2 Mon. Vorhaltekosten**		600,00					
			600,00				1.200,00	
	Int.-Pos. 3:							
	2 Mon. Kosten der örtl. Bauleitung							
610102	- U-Pos. 1: 0,5 Bauleiter x 7.000,00 €		3.500,00					
610207	- U-Pos. 2: anteiliger Vermesser		350,00					
610205	- U-Pos. 3: 0,3 Kaufmann x 5.000,00 €		1.500,00					
			5.350,00				10.700,00	
	Int.-Pos. 4:							
440010	**1 psch. Betriebskosten**		2.300,00					
			2.300,00				2.300,00	
	Int.-Pos. 5:							
610209	**1 psch. Kosten der technischen Bearbeitung**		2.900,00					
			2.900,00				2.900,00	
	Summe BGK:				**220,00**	**6.919,00**	**19.800,00**	
	Herstellkosten:				**1.748,60**	**54.993,47**	**50.407,25**	**18.000,00**

Abb. 9: Auszug aus der Angebotskalkulation: Baustellengemeinkosten

2 Vertragskalkulation und Arbeitskalkulation

Der erste Teil der Planungsrechnung wird mit der Erstellung der Vertragskalkulation VK(o) unmittelbar nach Auftragserteilung abgeschlossen. Daran schließt sich der zweite Teil der Planungsrechnung an: die Überleitung der Vertragskalkulation in die Arbeitskalkulation.

2.1 Akzeptanz für Vorgaben

Die Erstellung von Angebotskalkulationen vor, während und nach etwaigen Auftragsverhandlungen und ihre abschließende Fortschreibung in eine Vertragskalkulation dienen (primär) der Beschreibung des Außenverhältnisses zwischen Bieter/Auftragnehmer und Bauherr/Auftraggeber. Die Arbeitskalkulation besitzt hingegen einen auf das Innenverhältnis des Bauunternehmens ausgerichteten Informationscharakter. Sie stellt somit erstens das zentrale Instrument des Bauprojekt-Managements und zweitens als Zielvereinbarung/Zieldefinition eine Messlatte für die Beurteilung desjenigen Teils des wirtschaftlichen Bauprojekt-Erfolgs dar, für den die Projektleitung die Verantwortung trägt. Daher dürfen nur realistische Vorgaben enthalten sein.

In der Praxis wird oftmals keine realistische Messlatte für den Projektleiter zugrunde gelegt. Mit Verlust eingekaufte Projekte müssen diesen Verlust in der Arbeitskalkulation offen ausweisen. Denn aus Bauprojekt-Management-Gesichtspunkten und aus Akzeptanzgründen ist die faire Darstellung der Entwicklung von Auftragswert, Kosten, Ergebnis und Deckungsbeitrag im Laufe der Projektrealisierung äußerst wichtig.

Überzogene bzw. unrealistische Vorgaben überdecken Verluste nur vorübergehend und führen dazu, dass die Akzeptanz und damit die Effizienz des Bauprojekt-Management-Systems verloren gehen. Demzufolge sollte die Ableitung der Arbeitskalkulation aus der Vertragskalkulation in einem iterativen Dialog zwischen Vertrieb/Kalkulation und Projektleitung/Bauleitung erfolgen.

2.2 Beispiel: Vertrags- und Arbeitskalkulation

Wichtig ist, dass die in der Vertragskalkulation fixierte Vergütung die Basis für die zwischen Auftraggeber und Auftragnehmer vertraglich vereinbarten Baupreise bildet. Die Vertragskalkulation gibt die Höhe der Herstellkosten vor, welche unter weiterer Berücksichtigung der Allgemeinen Geschäftskosten sowie der Wagnis- und Gewinnzuschläge oder im ungünstigen Fall der Verlustabschläge, durch den Auftraggeber vergütet werden. Demgegenüber werden die Herstellkosten in der Arbeitskalkulation an die realistische Ausgangslage des Bauprojektes angepasst. Diese unterschiedliche Behandlung der Herstellkosten ergibt sich aus den unterschiedlichen Zielen und den unterschiedlichen Zeitpunkten von Vertragskalkulation und Arbeitskalkulation.

2.2.1 Die erste Vertragskalkulation VK(o)

Sofort nach Auftragserteilung wird die erste Vertragskalkulation VK(o) (vgl. Abb. 10) „festgeschrieben“ und dient der Ermittlung von Plan-Daten als Zielgröße vor Ausführungsbeginn. Sie wird, aufbauend auf der Angebotskalkulation, einmalig erstellt und im EDV-System des Bauunternehmens als unveränderlich eingefroren. Als Mengenbasis dienen die vertraglich vereinbarten Mengen aus dem AG-Leistungsverzeichnis. Für Einheitspreisverträge empfiehlt es sich, die Mengen der Hauptpositionen selbst zu ermitteln. Falls diese deutlich (z. B. mehr als zehn Prozent) von den LV-Mengen des AGs abweichen, sind die selbst ermittelten Mengen statt derer des AGs für die VK(o) zu verwenden (Auflösung der Spekulationen). Sofern funktional ausgeschrieben wurde, ist das eigenerstellte Leistungsverzeichnis mit Mengengerüst zu verwenden. Die VK(o) endet mit der Ermittlung der Plan-Herstellkosten, aus deren Differenz zur Vertragssumme ein sog. Plan-Deckungsbeitrag sowie – unter weiterem Abzug der anteiligen Allgemeinen Geschäftskosten – das Plan-Ergebnis resultiert.

Dabei ist zu beachten, dass in der VK(o) nur vertraglich vereinbarte Sachverhalte berücksichtigt werden dürfen. Wenn in der Vertragsverhandlung Ausführungsformen geändert werden, die zu Veränderungen in der Kostenstruktur führen, dann müssen diese insofern erlösneutral berücksichtigt werden, als in der Auftragsverhandlung hierfür keine Erlösänderungen vereinbart wurden. Die VK(o) enthält also alle vereinbarten Ausführungsänderungen aus der Auftragsverhandlung.

Die Netto-Angebotssumme (NAS) bzw. die Netto-Vertragssumme (NVS) als Zuschlagsbasis der Allgemeinen Geschäftskosten zu wählen, entspricht der gängigen Denkweise und erzeugt ein besser verständliches Zahlenbild, als die Basis der Herstellkosten (HK) zzgl. AGK.

Die beiden nachfolgenden Beispiele eines Verlust- und eines Gewinnfalls verdeutlichen dies:

Beispiel:	**Verlustfall**	**Gewinnfall**	
Netto-Vertragssumme (NVS)	1.000.000	1.000.000	
Selbstkosten	1.500.000	500.000	
Ergebnis	-500.000	+500.000	
Ergebnis % auf Basis Selbstkosten	-33 %	+100 %	→ irreführende Aussagen
Ergebnis % auf Basis NVS	-50 %	+ 50 %	→ besser verständliche Aussagen

2.2.2 Arbeitskalkulation

Zeitversetzt zur Vertragskalkulation VK(o), wenn möglich noch vor Baustellenbeginn, wird aus der VK(o) heraus eine erste Arbeitskalkulation AK(o) erstellt. Die Arbeitskalkulation ist die Leistungsvorgabe für die Projektleitung und weist die geplanten Selbstkosten, das geplante Ergebnis und den geplanten Deckungsbeitrag des Bauprojektes aus. In der AK(o) werden die Erkenntnisse aus der Arbeitsvorbereitung (z. B. das gewählte Bauverfahren, erzielte Materialpreise und Nachunternehmervergaben sowie evtl. bereits genehmigte oder abgelehnte, aber auszuführende Nachträge) als Mehr- und Minderkosten berücksichtigt, so dass sie eine realistische Leistungsvorgabe des Bauprojektes unter Berücksichtigung des aktuellen Wissensstandes zeichnet. Es sollten die wesentlichen Materialpreise sowie ggf. erste NU-Vergaben enthalten sein. Bei den noch nicht vergebenen NU-Leistungen können die Vergabeziele eingesetzt werden. Die AK(o) entspricht also der bekannten und weit verbreiteten „Arbeitskalkulation“.

Die Arbeitskalkulation-Leistungvorgabesicht ist die Zielvorgabe für die Projektleitung.

Abweichend von der Vertragskalkulation wurde in unserem Praxisbeispiel zu einem Zeitpunkt nach Auftragsvergabe durch die Arbeitsvorbereitung erkannt, dass innerhalb des Kellergeschosses die in den Pos. 2.060 und 2.070 der Stützmauer ermittelten Nachunternehmerleistungen nicht wie ursprünglich kalkuliert 750,00 €/t, sondern 1.000,00 €/t betragen. Hierdurch erhöhen sich die Herstellkosten des Kellergeschosses um insgesamt 6.000,00 € auf 102.681,72 €. Auch im Obergeschoss erhöhen sich aufgrund eines Kalkulationsfehlers die Herstellkosten um 4.000,00 € auf insgesamt 224.000,00 €. Diese Umstände finden in der ersten Arbeitskalkulation Berücksichtigung. Die erste Arbeitskalkulation AK(o) ist in Abb. 11 dargestellt.

	Pos.	VAM	Einheit [E]	Kurztext
1 Kellergeschoss				
darin enthalten	1.010	900	m^3	Aushub und seitliches Lagern
	1.020	150	m^3	Abfuhr
	1.030	750	m^3	Hinterfüllung
	2.010	225	m^3	Sauberkeitsschicht 5 cm
	2.020	120	m^3	Fundamentbeton C20/25
	2.030	120	m^3	Wandbeton C20/25
	2.040	200	m^2	Fundamentschalung
	2.050	800	m^2	Wandschalung
	2.060	12	t	Betonstahl 500 S
	2.070	12	t	Betonstahlmatten 500 M
	2.080	9,5	m	Dehnungsfugen
	2.090	160	m	Arbeitsfugen
	2.100	30	m	Sollbruchfugen
2 Erdgeschoss				
darin enthalten	3.040	200	m^2	Bodenfliesen
3 Obergeschoss				
4 Dachgeschoss				
5 Einzelkosten der Teilleistungen (EKT)				
6 Baustellengemeinkosten (BGK)				
darin enthalten	Int.-Pos. 1	1	psch.	Einrichten und Räumen
	Int.-Pos. 2	40	AT	Vorhaltung
	Int.-Pos. 3	40	AT	Örtliche Bauleitung
	Int.-Pos. 4	40	AT	Betriebskosten
	Int.-Pos. 5	1	psch.	Kosten der techn. Bearbeitung
7 Herstellkosten (HK) (5+6)				
8 Auftragswert				
9 Deckungsbeitrag (DB) (8-7)				
10 Allgemeine Geschäftskosten (AGK) (10 % ① von 8)				
11 Ergebnis (E) (9-10)				

① Die Allgemeinen Geschäftskosten sind als Plan-Zuschlagssatz in Abhängigkeit von der prognostizierten Jahresbauleistung mit 10 % bezogen auf die Netto-Angebotssumme beaufschlagt (Wagnis und Gewinn analog mit jeweils 1,5 %, also insgesamt mit 3 %). Da im Zuge der Kalkulationsarbeiten zunächst nur die Herstellkosten bekannt sind und die von öffentlichen Auftraggebern geforderten einheitlichen Formblätter (EFB)[8] dies ebenfalls so vorgeben, müssen die Zuschlagssätze (x) nach folgender Formel in Zuschläge auf die Herstellkosten umgerechnet werden:

$$\frac{x \cdot 100}{100 - x} = \text{\%-Zuschlag auf Herstellkosten (mit x = \%-Zuschlag auf die Netto-Vertragssumme).}$$

Abb. 10: Vertragskalkulation VK(o)

8 Formblatt 221 bzw. 222 gemäß Vergabehandbuch 2008 des Bundesministeriums für Verkehr, Bau und Stadtentwicklung; zuvor Formblatt EFB-Preis 1a bzw. 1b gemäß Vergabehandbuch 2002.

Lohn €/E 31,45	SoKo €/E	NU €/E	HK €/E	Gesamt-HK €	EP €/E	DB €/E	DB %	GP €
				96.681,72				**141.599,60**
3,15	1,59		4,74	4.261,50	7,55	2,82	37,28	6.795,00
	5,00		5,00	750,00	5,82	0,82	14,09	873,00
4,72	1,99		6,71	5.030,63	10,85	4,14	38,18	8.137,50
6,29	2,50		8,79	1.977,75	14,13	5,34	37,79	3.179,25
22,02	65,00		87,02	10.441,80	114,14	27,13	23,76	13.696,80
41,83	65,00		106,83	12.819,42	149,59	42,76	28,59	17.950,80
23,59	10,00		33,59	6.717,50	53,70	20,11	37,45	10.740,00
31,45	10,00		41,45	33.160,00	67,77	26,32	38,84	54.216,00
		750,00	750,00	9.000,00	840,00	90,00	10,71	10.080,00
		750,00	750,00	9.000,00	840,00	90,00	10,71	10.080,00
31,45	7,50		38,95	370,03	64,90	25,95	39,98	616,55
9,44	2,50		11,94	1.909,60	19,76	7,83	39,60	3.161,60
31,45	10,00		41,45	1.243,50	67,77	26,32	38,84	2.033,10
				250.000,00				
23,59	60,00		83,59	16.717,50	111,20	27,61	24,83	22.240,00
				220.000,00				
				56.318,28				
				623.000,00				
				267.000,00				
6.919,00	2.700,00		9.619,00	9.619,00				
	30,00		30,00	1.200,00				
	267,50		267,50	10.700,00				
	57,50		57,50	2.300,00				
	2.900,00		2.900,00	2.900,00				
				890.000,00				
				1.022.990,00				
				132.990,00	**13%**			
				102.299,00	**10%**			
				30.691,00	**3%**			

Bei Zuschlagsätzen von 10 % für Allgemeine Geschäftskosten (AGK), 1,5 % für Wagnis (W) und 1,5 % für Gewinn (G) – also einem Gesamtzuschlag von 13 % – jeweils bezogen auf die Netto-Vertragssumme ergeben sich folgende Umrechnungen der Zuschlagsätze auf die Herstellkosten:

Gesamtzuschlag:	(13 × 100)/(100 – 13)	=	1300/87	=	14,94 %
Zuschlag für AGK:	(10 × 100)/(100 – 13)	=	1000/87	=	11,11 %
Zuschlag für W:	(1,5 × 100)/(100 – 13)	=	150/87	=	1,52 %
Zuschlag für G:	(1,5 × 100)/(100 – 13)	=	150/87	=	1,52 %

Abb. 10: Vertragskalkulation VK(o) (Fortsetzung)

	Pos.	VAM	Einheit [E]	Kurztext
1 Kellergeschoss				
darin enthalten	1.010	900	m^3	Aushub und seitliches Lagern
	1.020	150	m^3	Abfuhr
	1.030	750	m^3	Hinterfüllung
	2.010	225	m^3	Sauberkeitsschicht 5 cm
	2.020	120	m^3	Fundamentbeton B 25
	2.030	120	m^3	Wandbeton B25
	2.040	200	m^2	Fundamentschalung
	2.050	800	m^2	Wandschalung
gem. Arbeitsvorbereitung Mehrkosten	2.060	12	t	Betonstahl 500 S
gem. Arbeitsvorbereitung Mehrkosten	2.070	12	t	Betonstahlmatten 500 M
	2.080	9,5	m	Dehnungsfugen
	2.090	160	m	Arbeitsfugen
	2.100	30	m	Sollbruchfugen
2 Erdgeschoss				
darin enthalten	3.040	200	m^2	Bodenfliesen
3 Obergeschoss				
gem. Arbeitsvorbereitung Mehrkosten				
4 Dachgeschoss				
5 Einzelkosten der Teilleistungen (EKT)				
6 Baustellengemeinkosten (BGK)				
darin enthalten	Int.-Pos. 1	1	psch.	Einrichten und Räumen
	Int.-Pos. 2	40	AT	Vorhaltung
	Int.-Pos. 3	40	AT	Örtliche Bauleitung
	Int.-Pos. 4	40	AT	Betriebskosten
	Int.-Pos. 5	1	psch.	Kosten der techn. Bearbeitung
7 Herstellkosten (HK) (5+6)				
8 Auftragswert				
9 Deckungsbeitrag (DB) (8-7)				
10 Allgemeine Geschäftskosten (AGK) (10 % von 8)				
11 Ergebnis (E) (9-10)				

Abb. 11: Arbeitskalkulation AK(o), hier identisch mit Prognosekalkulation PK(o)

Lohn **€/E** **31,45**	**SoKo** **€/E**	**NU** **€/E**	**HK** **€/E**	**Gesamt-HK** **€**	**EP** **€/E**	**DB** **€/E**	**DB** **%**	**GP** **€**
				102.681,72				**141.599,60**
3,15	1,59		4,74	4.261,50	7,55	2,82	37,28	6.795,00
	5,00		5,00	750,00	5,82	0,82	14,09	873,00
4,72	1,99		6,71	5.030,63	10,85	4,14	38,18	8.137,50
6,29	2,50		8,79	1.977,75	14,13	5,34	37,79	3.179,25
22,02	65,00		87,02	10.441,80	114,14	27,13	23,76	13.696,80
41,83	65,00		106,83	12.819,42	149,59	42,76	28,59	17.950,80
23,59	10,00		33,59	6.717,50	53,70	20,11	37,45	10.740,00
31,45	10,00		41,45	33.160,00	67,77	26,32	38,84	54.216,00
		1.000,00	1.000,00	12.000,00	840,00	-160,00	-19,05	10.080,00
		1.000,00	1.000,00	12.000,00	840,00	-160,00	-19,05	10.080,00
31,45	7,50		38,95	370,03	64,90	25,95	39,98	616,55
9,44	2,50		11,94	1.909,60	19,76	7,83	39,60	3.161,60
31,45	10,00		41,45	1.243,50	67,77	26,32	38,84	2.033,10
				250.000,00				
23,59	60,00		83,59	16.717,50	111,20	27,61	24,83	22.240,00
				224.000,00				
				4.000,00				0,00
				56.318,28				
				633.000,00				
				267.000,00				
6.919.00	2.700,00		9.619,00	9.619,00				
	30,00		30,00	1.200,00				
	267,50		267,50	10.700,00				
	57,50		57,50	2.300,00				
	2.900,00		2.900,00	2.900,00				
				900.000,00				
				1.022.990,00				
				122.990,00	**12,02 %**			
				102.299,00	**10,00 %**			
				20.691,00	**2,02 %**			

Abb. 11: Arbeitskalkulation AK(o) (Fortsetzung)

Mit der Fertigstellung der VK(o) und AK(o) und dem anschließenden Übergabegespräch an das Bauprojekt-Management endet die Phase vor der Bauausführung. Es schließt sich die Phase des Bauprojekt-Managements während der Bauausführung an, deren wesentliches Ziel, die Analyse und Steuerung des Bauprojektes mit den zwei Blickrichtungen auf den jeweils aktuellen Stichtag (i. d. R. zum Monatsende), das Bauprojektende darstellt. Ob und in welchem Umfang die aus der Arbeitsvorbereitung resultierenden Veränderungen in der Arbeitskalkulation Berücksichtigung finden, hängt davon ab, ob das System der eingliedrigen oder der zweigliedrigen Auswertung der Arbeitskalkulation praktiziert wird.

3 Bauablaufplanung, Bauwerksmodell und Mengenbasis

Das von der Projektleitung seit Langem akzeptierte und häufig eingesetzte Werkzeug zur Führung eines Bauprojektes ist der Bauzeitenplan. Er dokumentiert das Selbstverständnis eines Unternehmens an Professionalität. Sein großer Vorteil: Der Bauzeitenplan bündelt die unübersichtliche Struktur des Leistungsverzeichnisses anschaulich und auf einen Blick in Gewerke, Bauwerksteile und Termine. Wenn die Balkenlänge nicht nur grob geschätzt ist, sondern mit den Kalkulationswerten der Arbeitskalkulation echt verbunden wird und auf realistischen Mengen basiert, ist der Bauzeitenplan eine Art „Servolenkung“ für die Steuerung der Baustelle.

Bei Einhaltung der dem Bauzeitenplan zugrunde gelegten Kapazitätsausstattung an Personal und Geräten weisen Termindifferenzen intuitiv und einfach verständlich auf Abweichungen vom Plan hin, frei nach dem Motto: „Warum sind wir nicht rechtzeitig bzw. schneller fertig als geplant?“ Der Bauzeitenplan ist ein wesentliches und unverzichtbares Glied in der Bauprojekt-Managementkette. Er setzt die rein kostenorientierte LV-Struktur der Kalkulation in einen Zeitbezug, da ohne diesen Zeitbezug der Soll-Kosten kein Bauprojekt-Management möglich ist. Den zeitpunktbezogenen Ist-Kosten und -Erlösen muss ein zeitpunktbezogenes Soll gegenübergestellt werden, um die Abweichungen zu ermitteln, welche die Steuerungsentscheidung auslöst.

Mit dem im Bauprojekt-Management-System vollständig integrierten Bauzeitenplan erhält die Bauleitung ein ihr vertrautes Werkzeug an die Hand, mithilfe dessen sie die Bauleistung schnell und zuverlässig über Prozent-Fertigstellungsgrade ermitteln kann. Sofern projektbezogen sinnvoll, kann jeder Balken im Bauzeitenplan tagesaktuell, wöchentlich, zweiwöchentlich oder monatlich auf Positionsebene nach Menge geplant und verfolgt werden.

Es empfiehlt sich, nur die Hauptpositionen zu planen (ca. 20 bis 30 Prozent aller LV-Positionen). „Kleine Positionen“ (70 bis 80 Prozent aller Positionen) werden in Form eines für alle Bauabschnitte gemeinsamen Balkens „Verschiedene Leistungen“ mittels Prozent-Fertigstellung des Gesamtbauwerks berichtet. Denn erfahrungsgemäß machen die nach Größe gewichteten ersten 20 Prozent der Positionen etwa 70 Prozent der Auftragssumme aus.

Im Bauzeitenplan werden Baustelleneinrichtung, Vorhaltung und Räumung ebenfalls leicht und fehlerfrei über Prozent-Fertigstellungsgrade berichtbar. Besonders bei Bauzeitenverlängerungen oder -verkürzungen wird mit dieser Methode der Leistungsstand für die Vorhaltedauer automatisch richtig berichtet. Ggf. ist bei verlängerter Bauzeit ein Nachtrag über verlängerte Vorhaltung möglich.

Noch viel zu wenig Aufmerksamkeit wird auf die für das Bauprojekt-Management große Bedeutung des im Bauzeitenplan enthaltenen Bauwerksmodells gerichtet.

Der Bauzeitenplan erzeugt intuitiv ein Bauwerksmodell in Form von Bauabschnitten. Hierzu müssen die Mengen des LVs nach Bauwerksteilen (= Bauabschnitte oder Ausführungseinheiten) untergliedert werden. Im Hochbau bietet sich hier die CAD-Koppelung an, welche mit moderner Software (nicht alle CAD-Hersteller sind bisher dazu in der Lage) praxistauglich gelöst ist. Sie wird bisher jedoch nur von wenigen Bauunternehmen genutzt, da in der Vergangenheit von den Softwareherstellern viel mehr versprochen wurde, als dann einzuhalten war. Im Tiefbau gibt es ebenfalls digitale Geländemodelle, die zur rationellen Mengenermittlung herangezogen werden können.

Das Bauwerksmodell sieht gewerkespezifisch unterschiedlich aus und passt sich an die Arbeitsabläufe der Gewerke an, z. B. wird für den Ausbau das Gebäude nach „Raumbuch" gegliedert, für den Rohbau nach Konstruktionselementen, für den Leitungsbau nach Haltungen oder Streckenabschnitten (Linienbaustellen) etc. Die Kenntnis über die sinnvolle Nutzung von Bauwerksmodellen wird im Weiteren vorausgesetzt und nicht weiter vertieft.

> Die nach dem Bauwerksmodell gegliederte Mengenermittlung ist der wesentliche Schlüssel, um die Aufgabe der zeitgenauen Mengenermittlung und der darauf aufbauenden Leistungsbewertung erfolgreich und zeitsparend zu lösen.

Eine Mengenermittlung nach Bauwerksmodell ist bereits in der Angebotsphase dringend zu empfehlen. Die zuverlässige Kenntnis der Mengen eröffnet große Vorteile in der Angebotsgestaltung, denn bekanntlich setzt sich der Gesamtpreis aus zwei gleichberechtigten Faktoren „Menge" x „kalkulierte Kosten" zusammen. Während zur Ermittlung der Kosten mit hohem Zeitaufwand bisweilen der „Cent geteilt wird", fristet die Mengenüberprüfung im Verhältnis dazu ein Schattendasein. Dies ist ein leicht zu korrigierender Fehler. Dazu gilt es Ordnung und Übersicht in das Mengengerüst zu bringen.

Im ersten Schritt ist die Ermittlung der Mengen von deren Verwendung zu unterscheiden. Im zweiten Schritt sind die unterschiedlichen Ermittlungsquellen und Verwendungszwecke zu kategorisieren. Das führt zu folgendem Ordnungssystem:

Mengenermittlung:

- CAD-Mengen (im CAD-System erzeugt)
- Digitale Aufmaße (in sonstigen digitalen Systemen erzeugt)
- Aufmaß-Mengen freie Ermittlung (manuell erzeugt)
- Aufmaß-Mengen-Ermittlung nach den Verfahrensbeschreibungen der Richtlinien für Elektronik im Bauwesen (kurz REB-VB) (manuell erzeugt)
- Regie-Mengen (manuell erzeugt)

Mengenverwendung:

- LV-Menge = vertraglich vereinbarte Menge
- Rechnungsmenge = zum Stichtag in Rechnung gestellt/Prognose Endabrechnung
- Leistungsmenge = zum Stichtag geleistet/Prognose der Leistung zum Projektende

LV-bezogen und erforderlichenfalls auch positionsbezogen erhält jede Menge den positionsbezogenen Status „pauschaliert“ oder „abzurechnen“. Die Überführung der Mengen aus der Mengenermittlung in die Mengenverwendung erfolgt durch die Projektleitung.

In jedem Unternehmen ist einmalig aufbauend auf die drei üblichen Mengenverwendungszwecke deren logisch richtige Zuordnung zu den Kalkulationstypen, abhängig vom Vertragstyp zum Zweck der Hochrechnung, auf das Projektende zu treffen. Vorgeschlagen wird eine Zuordnung wie in Abb. 12 dargestellt.

	Einheitspreisvertrag		**Pauschalvertrag/pauschalierte Positionen auf AG-LV-Basis**	
	Kalkulation der Kosten	**Erlöse**	**Kosten**	**Erlöse**
Angebots-kalkulation	LV-Menge	LV-Menge	voraussichtliche Ausführungsmenge	Pauschaliert auf Basis-LV-Menge
Vertrags-kalkulation	VA-Menge zzgl. genehmigte Nachträge!	VA-Menge zzgl. genehmigte Nachträge!	VA-Menge zzgl. genehmigte Nachträge	Pauschaliert auf Basis-LV-Menge zzgl. genehmigte Nachträge
Arbeits-kalkulation Leistungs-vorgabesicht	VA-Menge zzgl. genehmigte Nachträge*	VA-Menge zzgl. genehmigte Nachträge	VA-Menge zzgl. genehmigte Nachträge*	Pauschaliert auf Basis-LV-Menge zzgl. genehmigte Nachträge
Arbeits-kalkulation Prognosesicht	VA-Menge zzgl. bewertete Nachträge	VR-Menge zzgl. bewertete Nachträge	VA-Menge zzgl. bewertete Nachträge	Pauschaliert auf Basis-LV-Menge zzgl. bewertete Nachträge

VA-Menge voraussichtliche Ausführungsmenge
VR-Menge voraussichtliche Abrechnungsmenge

*) falls die Verantwortung für nicht genehmigte Nachträge bei der Projektleitung oder der Bauleitung liegt. Sollte die Verantwortung für nicht genehmigte Nachträge bei der Geschäftsleitung oder dem Vertrieb liegen, sind außerdem die abgelehnten, aber auszuführenden Nachtragsmengen hinzuzurechnen.

Abb. 12: Verwendung von Mengen

Der wesentliche Inhalt der Tabelle kann so zusammengefasst werden:

- Es kann unternehmensindividuell entschieden werden, ob in der Vertragskalkulation und/oder in der Arbeitskalkulation-Leistungsvorgabesicht die voraussichtliche Ausführungsmenge verwendet werden soll oder die LV-Menge beibehalten wird.
- Wir empfehlen in beiden Fällen die voraussichtlichen **Ausführung**smengen zu verwenden. (In der Prognosekalkulation **müssen immer** die voraussichtlichen Ausführungsmengen verwendet werden.)

- Es ist zu entscheiden, wo voraussichtliche **Abrechnung**smengen angewendet werden. Wir empfehlen diese **prinzipiell nur** für die Hochrechnung der Erlöse zu verwenden und auch dort nur im Rahmen der von der Projektleitung zu erstellenden Prognosekalkulation.
- Die Mengenzuordnung zu den Kalkulationen muss unbedingt unternehmenseinheitlich geregelt sein! Und sie muss in der Software so vorgegeben werden können. Wird dies unterlassen, entsteht eine Fehlerquelle, welche die Zuverlässigkeit des gesamten Systems untergraben kann.

Erneut wird deutlich, dass möglichst frühzeitig eine eigene Ermittlung der voraussichtlich auszuführenden Mengen erforderlich ist. Denn deren frühzeitige Kenntnis bietet bereits in der Angebotsermittlung entscheidende Vorteile. Sofern dies unterbleibt, muss die LV-Menge solange eingesetzt werden, bis Ausführungs- und Abrechnungsmengen bekannt sind.

Die Unterscheidung von Abrechnungs- und Ausführungsmengen ist pikant, da sie suggeriert, dass mehr abgerechnet als ausgeführt wird. Dies muss aber nicht so interpretiert werden, da bereits nach der VOB Ausführungs- und Abrechnungsmengen unterschiedlich sein können. So sind gewisse Abrechnungsformeln zur Vereinfachung der Abrechnung vorgeschrieben, z. B. das Übermessen von kleinen Aussparungen.

4 Besonderheiten in der Kalkulation

Die Kalkulation ist neben der Bauablaufplanung das andere wesentliche Element der Planungsrechnung. Um die Kalkulation komfortabel für Auswertungen und für die Bauablaufplanung heranziehen zu können, müssen Besonderheiten richtig in der Kalkulation abgebildet werden. Nachfolgend ist ein kurzer Überblick gegeben.

4.1 Alternativpositionen, Bedarfspositionen

Es ist zu klären, wie bei Alternativ- und Bedarfspositions-Typen die Umlage der Baustellengemeinkosten gerechnet wird. Soll zum Beispiel die Baustelleneinrichtung anteilig auf Alternativ- und Bedarfspositionen umgelegt werden, dann würde bei Nichtausführung der Bedarfspositionen ein Teil der Deckung fehlen. Werden die Baustellengemeinkosten mit gleichem Prozentsatz wie bei Normalpositionen auf die Alternativpositionen berechnet, führen z. B. teurere Materialien in Alternativpositionen bei Ausführung zu einem höheren absoluten Wert der Baustellengemeinkosten. Die Baustellengemeinkosten würden überdeckt, wenn anzunehmen ist, dass ein höherer Materialwert (z. B. Edelstahl statt verzinkter Stahl) keine höheren Baustellengemeinkosten für das Projekt verursacht.

Diese Ungenauigkeit ist systematisch schwer zu lösen. Darum ist folgende Vereinfachung in der Regel zulässig. Umlagepositionen werden ausschließlich auf die Normalpositionen umgelegt. Der sich hieraus ergebende Zuschlagssatz wird auch auf die Alternativ- und Bedarfspositionen angewendet und neben AGK und W+G aufgeschlagen.

4.2 Leistungsabweichungen

Natürlich müssen alle erkannten Abweichungen in der Planung wieder dargestellt werden. Es wurde bereits in Teil A darauf hingewiesen, dass es gefährlich ist, die Vorgaben immer wieder auf das Ist anzupassen. Aus diesem Grund wurde mit der ersten Vertragskalkulation VK(o) ein unveränderlicher Status sichergestellt. Um faire Leistungsvorgaben für die Baustelle zu ermöglichen, wurde die Arbeitskalkulation ins Leben gerufen. Diese unterliegt Änderungen und somit der laufenden Fortschreibung. Werden die Leistungsvorgaben von der Bauleitung nicht erreicht, sollen die Vorgabeabweichungen nicht in der Arbeitskalkulation-Leistungsvorgabesicht, sondern in der davon getrennten Auswertungssicht der Prognosekalkulation erfasst werden. Vereinfacht gesagt liegen alle Abweichungen, welche die Stundenansätze selbst oder den Mengenverbrauch von Baustoffen, Geräten oder die Abrechnung von NU-Leistungen betreffen, in der Verantwortung der Projektleitung. Folglich sind sie von der Projektleitung in der Prognosekalkulation darzustellen. Die laufende Aktualisierung der Prognosekalkulation ergibt zum Bauende die Basis für die Nachkalkulation, auf welche wir im letzten Teil dieses Fachbuches eingehen.

Alle Preiserhöhungen oder -senkungen gegenüber der Arbeitskalkulation in Mittellohn, Materialien, Nachunternehmern, Geräten, AGK oder anderen internen Verrechnungssätzen sind nicht durch die Projektleitung zu verantworten, werden also in der Arbeitskalkulation (Leistungsvorgabe) und in der Prognosekalkulation eingepflegt.

4.3 Unterpositionen

Unterpositionen sind ein wichtiges Werkzeug, um das Bauprojekt-Management zu vereinfachen. Auf welche Fälle sind sie anzuwenden?

Immer dann, wenn die Leistung einer Position in zeitlich versetzten Arbeitsgängen oder von unterschiedlichen Arbeitskolonnen durchgeführt wird, sollte pro Arbeitsgang eine Unterposition angelegt werden. Praxisbeispiele sind das Einschalen, Betonieren und Ausschalen insbesondere bei Deckenschalungen mit Ausschalfristen von mehreren Tagen oder Wochen. Ein anderes Beispiel ist das Ausschreiben von Leitungen nach laufenden Metern.

Ob die Mengeneinheit zwischen Hauptposition und Unterposition gewechselt werden muss, ist Geschmackssache. Aus Vereinfachungsgründen kann empfohlen werden, die Unterpositionen in der gleichen Mengeneinheit wie die Hauptposition zu berichten und evtl. Umrechnungsfaktoren in die Kalkulationsansätze der Unterposition zu verlegen. Eine Ausnahme liegt vor, wenn eine Unterposition an einen Nachunternehmer vergeben werden soll. Eine weitere Ausnahme ist die Kalkulation von Pauschalen, welche einmalig für eine Hauptposition anfallen und in einer Unterposition kalkuliert werden, z. B. An- und Abtransport von Spezialgeräten.

Sehr nützlich sind Unterpositionen auch für kleinere Baustellen. Mit ihrer Hilfe können alle Positionen exakt auf wenige nachverfolgbare Ausführungseinheiten aufgeteilt werden.

4.4 Kalkulation von nicht „bestellgenau“ bestimmbaren Materialien

Nicht alle Materialien können in der Kalkulation bestellgenau kalkuliert werden. Ein gutes Beispiel ist der Baustoff Beton. Gleiches gilt für die vielen Hilfsstoffe, welche aus Zeitgründen in der Kalkulation nicht exakt ermittelt werden können.

Für diese Materialien empfiehlt sich folgendes Vorgehen:[9]

Soweit es sich um Materialien handelt, die mit einem Durchschnittspreis für alle zum Einsatz kommenden Varianten darstellbar sind, wird ein Kalkulationsartikel als Repräsentant für mehrere später zu bestellende Artikel mit Mengeneinheit und kalkulatorischem Einheitspreis für die Kalkulation verwendet. Anwendungsbeispiel: Beton C20/25.

In allen anderen Fällen werden in der Kalkulation unter einer spezifischen Kostenart die Kosten ohne gemeinsame Mengeneinheit eingegeben und als Summe ausgewertet. Zum Beispiel können Stck. Abstandhalter, lfm. Dreikantleisten, kg Nägel etc. für Schalarbeiten als Gesamtwert unter der Kostenart „Hilfsstoffe“ in die Kalkulation eingehen.

4.5 Abgestimmtes Kostenartensystem

Die Harmonisierung der Kostenarten in Bauauftrags- und Baubetriebsrechnung ist unerlässlich. Dabei sind unterschiedliche Anforderungen auf einen gemeinsamen Nenner zu bringen. Denn Informationsbedürfnisse und -notwendigkeiten können zwischen Kaufleuten und Technikern, aber auch unternehmensindividuell divergieren.

In der Kalkulation werden für bestimmte Teilleistungen gewichtige Einzelkosten auf einer Detailebene dargestellt, die der Kaufmann später nicht mehr mit vertretbarem Aufwand separieren kann. Dies kann durch Zuordnungen von vornherein – beispielsweise über die optionale Darstellung der Artikel oder Vergabeeinheiten in den Auswertungen – gelöst werden. Genauso besteht aus buchhalterischen Zwängen die Notwendigkeit, Kostenarten (Konten) zu separieren (eigene und fremde Gerätekosten, eigene und fremde Schüttgüter, Unterscheidung Kostenarten nach Steuerschlüssel Ausland/Inland/§13b, verbundene Unternehmen, usw.), welche in der Kalkulation nicht getrennt werden.

Die Lösung ist ein einheitlicher hierarchisch gegliederter Kostenartenstamm (vgl. Abb. 13). Die jeweiligen Hierarchieknoten müssen in der Bauunternehmung zwischen Technikern und Kaufleuten verabschiedet werden. Dadurch können Kaufleute und Techniker jeder für sich im Bedarfsfall 1:n Kostenarten unterhalb der verabschiedeten/gemeinsamen Ebene unabhängig voneinander anlegen, ohne dass die Qualität der Auswertungen leidet bzw. unendlich viele Sonderauswertungen entstehen.

Für die Technik empfiehlt sich allerdings, einen höheren Detaillierungsgrad nicht über technische Kostenarten, sondern über die Artikelnummern (Artikelgruppen) im Bereich der Materialien, über die Gerätenummern bei den Geräten (BGL-Systematik nutzen) und über die BAS-Nummern im Lohnkostenbereich darzustellen.

In der Kalkulation muss die Kostenartennummer mit Zuschlagssätzen verbunden werden können (auch deren weitere Aufteilung), sodass sie in Kalkulation und Betriebsbuchhaltung identisch dargestellt werden kann.

---

9 Vgl. Seyfferth, G.: Praktisches Baustellen-Controlling – Handbuch für Bau- und Generalunternehmen, Braunschweig/Wiesbaden 2003, S. 212.

Kostenartendefinition		Verfügbarkeit der Kostenarten		
Nummer	**Bezeichnung**	**Kalkulation und Stamm**	**Betriebs-buchhaltung**	**Finanz-buchhaltung**
Auszug aus Mustergliederung Eigenleistung (im Bedarfsfall änderbar)				
61	**LOHNKOSTEN**	**nur Summe**	**nur Summe**	---
611	Bruttolöhne	zuordenbar	nur Summe	---
6111	Bruttolöhne Arbeiter	---	zuordenbar	zuordenbar
6112	Bruttolöhne Poliere	---	zuordenbar	zuordenbar
6113	Bruttolöhne Azubis	---	zuordenbar	zuordenbar
613	Lohnnebenkosten	zuordenbar	nur Summe	---
6131	LNK steuerfrei	---	zuordenbar	zuordenbar
6132	LNK steuerpflichtig	---	zuordenbar	zuordenbar
614	Lohnzusatzkosten	zuordenbar	nur Summe	---
6141	Umlage Sozialkosten	---	zuordenbar	---
6142	Umlage Busse	---	zuordenbar	---
6142	Umlage Werkzeuge	---	zuordenbar	---
62	**MATERIALKOSTEN**	**nur Summe**	**nur Summe**	---
621	Baustoffe	zuordenbar	nur Summe	---
6218	Schüttgüter	zuordenbar	nur Summe	---
62181	Schüttgüter eigen	---	zuordenbar	---
62182	Schüttgüter fremd	---	zuordenbar	zuordenbar
64	**GERÄTEKOSTEN**	**nur Summe**	**nur Summe**	---
6440	Vorhaltegeräte	zuordenbar	nur Summe	---
64401	Vorhaltegeräte eigen	---	zuordenbar	---
64402	Vorhaltegeräte fremd	---	zuordenbar	zuordenbar
6441	Leistungsgeräte	zuordenbar	nur Summe	---
64411	Leistungsgeräte eigen	---	zuordenbar	---
64412	Leistungsgeräte fremd	---	zuordenbar	zuordenbar
Auszug aus Mustergliederung Fremdleistung (im Bedarfsfall änderbar)				
66	**NACHUNTERNEHMER**	**nur Summe**	**nur Summe**	---
661	Rohbau	zuordenbar	nur Summe	---
6611	Rohbau eigen	---	zuordenbar	---
6612	Rohbau fremd	---	zuordenbar	zuordenbar
663	Ausbau	nur Summe	zuordenbar	---
6630	Haustechnik	zuordenbar	zuordenbar	zuordenbar
66301	Heizungsanlage	zuordenbar	---	---
66302	Klimatechnik	zuordenbar	---	---
66303	Sanitär	zuordenbar	---	---

--- keine Anzeige, keine Eingabe
nur Summe Anzeige, aber keine Eingabe auf dieser Ebene erlaubt
zuordenbar auf dieser Ebene verfügbar im Stamm und/oder in der Kalkulation und/oder in Betriebsbuchhaltung/Finanzbuchhaltung

Abb. 13: Beispiel Kostenartenharmonisierung Technik – Kaufleute

4.6 Regieleistungen

Alle Regieleistungen müssen – unabhängig davon, ob sie über im LV ausgeschriebene Regiepositionen oder über frei vereinbarte Regiesätze abgerechnet werden – in die Arbeitskalkulation integriert werden. Dies kann, falls die Regieleistungen nicht ausgeschrieben wurden, z. B. über eine als Nachtrag gestaltete Regiepreisliste erfolgen.

4.7 Baustellengemeinkosten

Die Berichtsform der Baustellengemeinkosten muss sowohl für GU-Projekte als auch für Projekte mit Eigenleistung klargestellt sein.

Besonders bei SF-Projekten muss der Teil der Baustellengemeinkosten, welcher gewerkeübergreifend betrachtet werden muss, als eigenes Gewerk (i. d. R. mittels so genannter „interner" Position) dargestellt werden und am besten in „Einrichten", „Vorhalten und Betreiben" sowie „Räumen" unterschieden werden.

Als Mengeneinheit sollte für die Einrichtung das Vorhalten sowie die Räumung der Baustelle „pauschal" gewählt werden, sofern nicht vom AG anders ausgeschrieben. Dadurch wird der Fehler vermieden, längere oder kürzere Vorhaltezeiten falsch darzustellen – besonders dann, wenn der AG verlangt, die Vorhaltezeiten in die Einheitspreise einzuarbeiten (Baustelleneinrichtung als interne Umlageposition).

Bei komplexeren Baustellengemeinkosten bieten sich Unterpositionen zur Gruppierung der einzelnen Leistungseinheiten an. Beispielsweise können extra ausgewiesene Gerätebedienzeiten einfacher berichtet werden.

4.8 Auflösung von Spekulationen

Das Erkennen und Ausnutzen von Mengenfehlern in der Ausschreibung ist geübte Praxis, um Aufträge zu gewinnen. Für die nachfolgende Bauausführung und das Bauprojekt-Management sind diese Kalkulationsvarianten aufzulösen.

Dies erfolgt bei Abrechnung nach Einheitspreisen auf einfache Weise. Sowohl in der Vertrags- als auch in der Arbeitskalkulation sind bei den Positionen mit „falschen LV-Mengen" die eigenermittelten voraussichtlichen Ausführungsmengen (VA-Mengen) zu verwenden. Die vom AG genannte LV-Menge bleibt zwar erhalten, wird aber für die Ermittlung der Vertragssumme und der Einzelkosten der Teilleistungen sowohl in der Vertrags- als auch in der Arbeitskalkulation durch die voraussichtlichen Ausführungsmengen ersetzt. Stattdessen werden die eigenermittelten Ausführungsmengen verwendet. Die Kalkulationsansätze sind als Leistungsvorgabe realistisch zu bemessen, wie bei allen anderen Positionen auch.

Wichtig ist, dass die Mengen auch auf Unterpositionsebene, also für Teilleistungen einer LV-Position, bearbeitet werden können (Beispiel: Fundamentschalung kann in Teilbereichen entfallen). Den Unterschied im Planergebnis zwischen Angebotskalkulation (basierend auf den LV-Mengen) und Vertragskalkulation (basierend auf den eigenen Mengen) zeigt unter anderem die Größenordnung der Spekulation.

Sofern zur Angebotsabgabe eine Kalkulation mit „Herleitung der spekulierten Positionen" erstellt werden musste, wird diese in den weiteren Kalkulationen (AK, PK) ignoriert. Allein die daraus abzuleitenden Kalkulationszuschläge sind für die Kalkulation von Nachträgen gegebenenfalls vertragsrelevant.

5 Kapital- und Risikokosten

Die Genauigkeit der Kostenermittlung in Angebots-, Vertrags- und Arbeitskalkulation ist davon abhängig, wie exakt und detailliert diese durchgeführt werden. Dabei umfasst die Kostenermittlung generell die Berechnung von:

- **Produktionskosten** in Abhängigkeit von den benötigten Potenzialen, den zur Verfügung stehenden Kapazitäten und den terminlichen Verpflichtungen.
- **Kapitalkosten** in Abhängigkeit von dem durch die Bauprojektrealisierung gebundenen Eigen- und Fremdkapital. Die Kapitalkosten sind als je ein auf die Gesamtangebotssumme bezogener Prozentsatz für Fremdkapitalzinsen (Zins) und für Eigenkapitalzinsen (Gewinn) auszudrücken.
- **Risikokosten** in Abhängigkeit der vom Bauunternehmen zu tragenden Risiken. Das Risiko der Bauprojektrealisation auf Unternehmensseite wird i. d. R. unter dem Begriff „Wagnis“ als Prozentsatz der Gesamtangebotssumme ausgedrückt. Wagnis und Gewinn werden dann häufig zu einem Prozentsatz zusammengefasst, obwohl es angebrachter wäre, die Risiken stärker differenziert auszuweisen.

Nur wenn diese Kostenblöcke mittels einer operativen Planung durchgespielt werden, ist eine exakte Kalkulation der zu erwartenden Kosten eines Bauprojektes möglich. Als besonders problematisch zeigt sich dabei einerseits die möglichst exakte Vorplanung des Risikopotenzials eines Bauauftrages, verbunden mit der Frage, ob und unter welchen besonderen Bedingungen das Risiko überhaupt eingegangen werden soll. Andererseits ist auch die bauprojektspezifische Finanz- und Liquiditätsplanung zur Ermittlung des benötigten Kapitalbedarfs entscheidend.

5.1 Bewertung der Kapitalkosten

Neben den Produktionskosten sind die Kapitalkosten eines Bauprojektes von Bedeutung. Das heißt, die Fremdfinanzierungskosten (Zins) und die Eigenkapitalkosten (Gewinn) sind kalkulatorisch zu ermitteln.

Kostenanalysen in Bauunternehmen zeigen, dass der allergrößte Teil der durch die Bauprojektrealisierung entstehenden Herstellkosten Auszahlungen sehr zeitnah zum Herstellungszeitraum verursacht. Folglich kann man den Kostenverlauf der Bauprojektrealisierung mit den Auszahlungen gleichsetzen, ohne hierdurch verzerrende Fehlinterpretationen herbeizuführen. Diese Auszahlungen haben i. d. R. über die Bauprojektrealisierung hinweg einen vergleichsweise stetigen Verlauf. Demgegenüber erfolgen die Einzahlungen (abgesehen von den seltenen Fällen der Vorauszahlung) seitens des Auftraggebers meist diskontinuierlich. Aus der Kumulation von Aus- und Einzahlungskurven errechnet sich der jeweils benötigte Kapitalbedarf für die Vorfinanzierung der Leistungserstellung, der dann in der Kalkulation des Bauprojektes zu berücksichtigen ist.

Die Kapitalkosten umfassen neben den direkten (Zins-)Kosten für die kalkulatorischen Eigenkapitalzinsen und den Kosten für den Fremdkapitalzins auch die indirekten Kosten für dessen Beschaffung, Bedienung und Tilgung in Form von Transaktionskosten. Die Höhe der Eigenkapital- und Fremdkapitalkosten hängt ab von der Höhe des Risikos und der daraus abgeleiteten Renditeansprüche, welche beide Kapitalgeber fordern.[10] Diese sind in der Bauwirtschaft aufgrund des vergleichsweise hohen Risikos teurer als in vielen anderen Wirtschaftszweigen. Insofern gelten für die Ermittlung der Kapitalkosten eines Bauunternehmers grundsätzlich die gleichen Regeln wie im Kapitalgeschäft. Das Bauunternehmen muss also, um seinen Kapitalbedarf decken zu können, eine angemessene Rendite für die Bereitstellung von Eigen- und Fremdkapital kalkulieren und erwirtschaften.

Die Eigenkapitalrendite wird über den Gewinn erwirtschaftet.

Die Kosten für die Fremdkapitalrendite (Zinsen) sind in den Projekten als Finanzierungskosten zu kalkulieren. Für die durch Banken zu leistende Vorfinanzierung ist in der Angebotskalkulation für jedes Projekt ein über alle Projekte gemittelter Deckungsbeitrag anzusetzen, sofern nicht projektspezifisch Kapital aufgenommen wird.

Da der Finanzierungsbedarf eines Bauunternehmens sehr stark von der Abrechnungsgeschwindigkeit und der Bezahlung der gestellten Rechnungen (Qualität der Leistung und der Kundenbeziehung sowie Kundenbonität) abhängt, hat sich folgendes vereinfachendes Zuordnungsmodell in der Praxis bewährt:

- Der Gewinn deckt die Eigenkapitalkosten (Risiko ist zusätzlich zum Gewinn zu beziffern).
- Die projektspezifische Vorfinanzierung wird über eine Fremdfinanzierung gelöst. Die Vorfinanzierung wird also mit dem Zinssatz (Fremdkapitalzins), welchen der Kreditgeber vom Unternehmen fordert, gerechnet. In der Kostenrechnung ergibt sich so die einfache Formel: (Kosten – Zahlungseingang) * Fremdkapitalzins = Ist-Vorfinanzierungskosten (positiver Wert) bzw. Erträge (negativer Wert).

Aus Erfahrung kann als Zielgröße für Zins 1 Prozent angesetzt werden und für Gewinn 2 Prozent. Die Herleitung ergibt sich wie folgt:

- 1 Prozent Zins entspricht vereinfacht gerechnet bei einem Gesamt-Kapitalumschlag von 2 und Fremdkapitalzinsen von 8 Prozent einer Bankfinanzierungsquote von 25 Prozent ((2 x 1 %) x 100 % / 8 %).

Der Gesamtkapitalumschlag errechnet sich vereinfacht aus Gesamtleistung (GuV) / Bilanzsumme.

- 2 Prozent Gewinn entspricht vereinfacht gerechnet bei einem Gesamt-Kapitalumschlag von 2 und einer EK-Quote von 20 Prozent einer EK-Verzinsung vor Steuer von 20 Prozent ((2 × 2 %) × 100 % / 20 %).

Mit diesem Modell hat die Bauleitung direkten Einfluss auf die Kostenbelastung durch Zinsen. Schnelle Abrechnung, gute Qualität und hohe Kundenzufriedenheit sorgen für schnelle Zahlung, damit für niedrige Zinskosten und ein verbessertes Baustellenergebnis.

10 Vgl. Jacob, D.; Stuhr, C.; Winter, Ch.: Baukalkulation. In: Freiberger Handbuch zum Baurecht, hrsg. von Jacob, D.; Ring, G.; Wolf, R., Bonn 2001, S. 995.

5.2 Bewertung der Risikokosten

Um eine kostenrechnerisch adäquate Bewertung der Risikokosten zu ermöglichen, ist es zunächst wichtig, die speziellen, mit einem bestimmten Bauprojekt einhergehenden Risiken zu erkennen und diese zu klassifizieren. Im Rahmen des Bauprojekt-Managements sollten die projektrelevanten Risiken möglichst frühzeitig, also vor oder während des Angebotsstadiums, ermittelt und bewertet werden.

Normale Kalkulationsunsicherheiten werden in Form angepasster Kalkulationsansätze in die Angebotskalkulation einfließen.

Die Schwierigkeit besteht darin, das richtige Augenmaß für besondere Risiken zu behalten, und zu berücksichtigen, dass Risiken nicht einfach addiert werden können. Auch später in der Ausführungsphase kann eine unrealistische Prognose völlig falsche Steuerungsmaßnahmen hervorrufen, bis zum Extrem des theoretisch notwendigen Insolvenzantrags wegen Überschuldung. Die Aufzählung und Bewertung aller erdenklichen Risiken gemäß dem kaufmännischen Niederstwertprinzip hilft hier also nicht weiter.

Darum empfiehlt es sich, projektspezifisch nur im Sonderfall ein außergewöhnliches Risiko als Umlageposition darzustellen und zu kalkulieren.

Beispiele hierfür sind Preisunsicherheiten bei wichtigen Materialien wie Stahl oder Bitumen, bei Energiekosten oder bei wichtigen Nachunternehmerleistungen. Ebenso sind besondere Gewährleistungsrisiken (Mängel), Mengenpauschalierungsrisiken, das Risiko der mangelnden Erfahrung oder ein besonderes Kundenrisiko zu bepreisen.

Es empfiehlt sich, Bauprojektrisiken systematisch zu identifizieren und qualitativ sowie quantitativ zu bewerten.

Im Fachbuch „Risikoorientierte Bauprojekt-Kalkulation – Eine innovative Methode zur Risikobeherrschung und Eindämmung von Ausreißer-Projekten“[11] wurde eine grundlegende Systematik zur Identifikation und Bewertung von Bauprojektrisiken vor, während und nach der Bauausführung beschrieben. Im Kern wird dabei ein dreistufiger Risikomanagementprozess mit den Stufen „Risikoidentifikation“, „Risikobewertung/Risikoquantifizierung“ und „Risikobeurteilung mittels risikoorientierter Kalkulation“ vorgeschlagen.

Um eine vertiefende Beschäftigung mit der Methode der Risikoorientierten Kalkulation zur Bewertung der Risikokosten zu ermöglichen, sei an dieser Stelle empfohlen:

Oepen, Ralf-Peter; Gleißner, Werner; Heine, Rüdiger; Kölzer, Helmut; Wieczorek, Robert: Risikoorientierte Bauprojekt-Kalkulation; hrsg. v. BRZ Deutschland GmbH; Wiesbaden 2012.

Da mit diesem Fachbuch die Methodik eines systematischen Risikomanagements auf Bauprojektebene vor, während und nach der Bauausführung ausführlich beschrieben ist, konzentriert sich dieses Fachbuch auf die reinen Produktionskosten. Das heißt, auf eine Darstellung der Bandbreite möglicher Risikokosten wird bewusst verzichtet, anstelle dessen werden nur die eindimensional ermittelten Produktionskosten berücksichtigt.

---

11 BRZ (Hrsg): Risikoorientierte Bauprojekt-Kalkulation – Eine innovative Methode zur Risikobeherrschung und Eindämmung von Ausreißer-Projekten.

Im Kern umfasst das Risikomanagement auf Bauprojektebene folgende Teilbereiche (Abb. 14):

- Risikosteuerung
- Risikoidentifikation
- Risikobewertung
- Risikobeurteilung

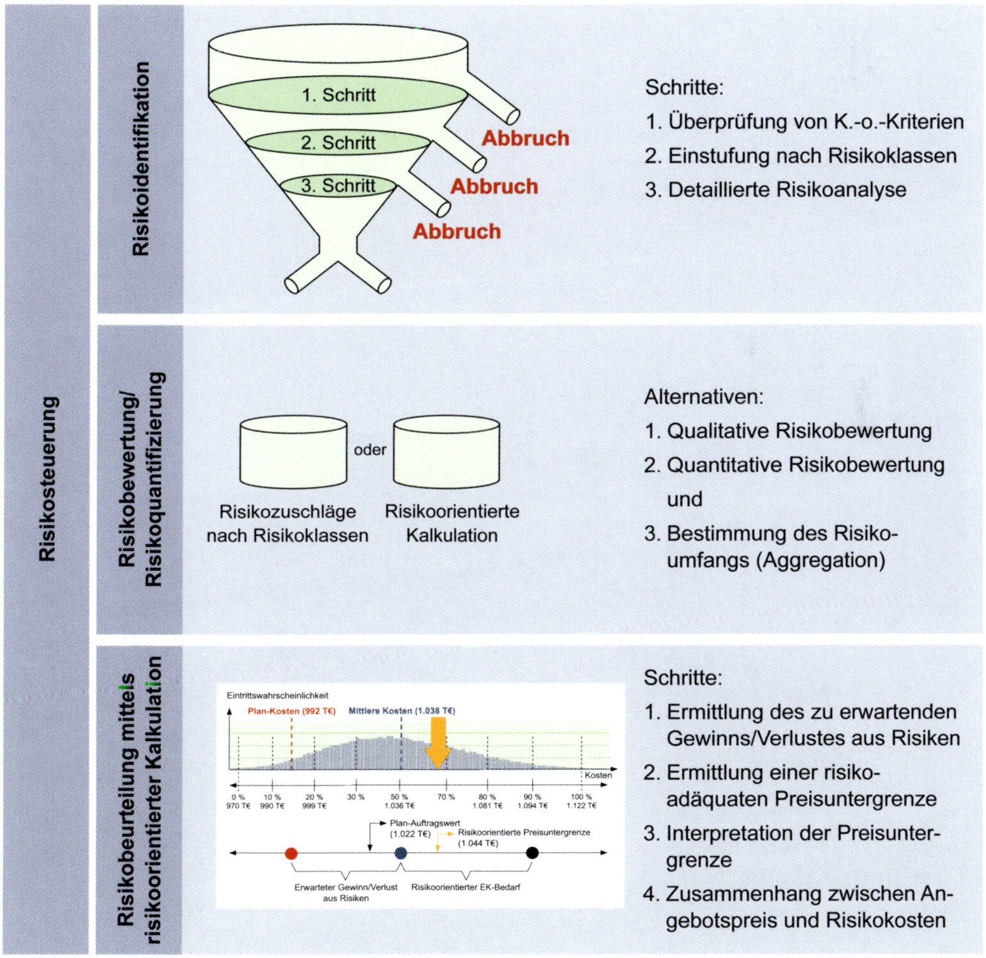

Abb. 14: Teilbereiche des Risikomanagements auf Bauprojektebene

5.2.1 Risikosteuerung

Der Erfolg oder Misserfolg eines Bauunternehmens hängt entscheidend von den Ergebnissen der einzelnen Projekte ab.

Würde man durch gezielte Akquisition generell auf diese Ausreißerbaustellen verzichten, würde sich die Ertragssituation dramatisch verbessern. Aber welche Projekte sind das? Wie lassen sich Verlustbaustellen so weit wie möglich vermeiden?

Durch die systematische und bewusste Beschäftigung mit Risiken lassen sich frühzeitig Gefahren vom Unternehmen abwenden und gleichzeitig mögliche Chancen nutzen.

Es wird möglich, die Summe der Projektrisiken zu jedem Zeitpunkt zu ermitteln oder anders ausgedrückt: Man erhält Auskunft über den Risikoumfang, dem sich das Unternehmen aussetzt.

Es kann agiert und nicht wie häufig nur noch reagiert werden. Durch Definition einer Risikostrategie lassen sich dann Handlungsalternativen ableiten, die von der Risikovermeidung über die Verteilung bis hin zur bewussten Übernahme von Risiken reichen kann (vgl. Abb. 15). Die Risikosteuerung überlagert die weiteren Stufen des systematischen Risikomanagementprozesses.

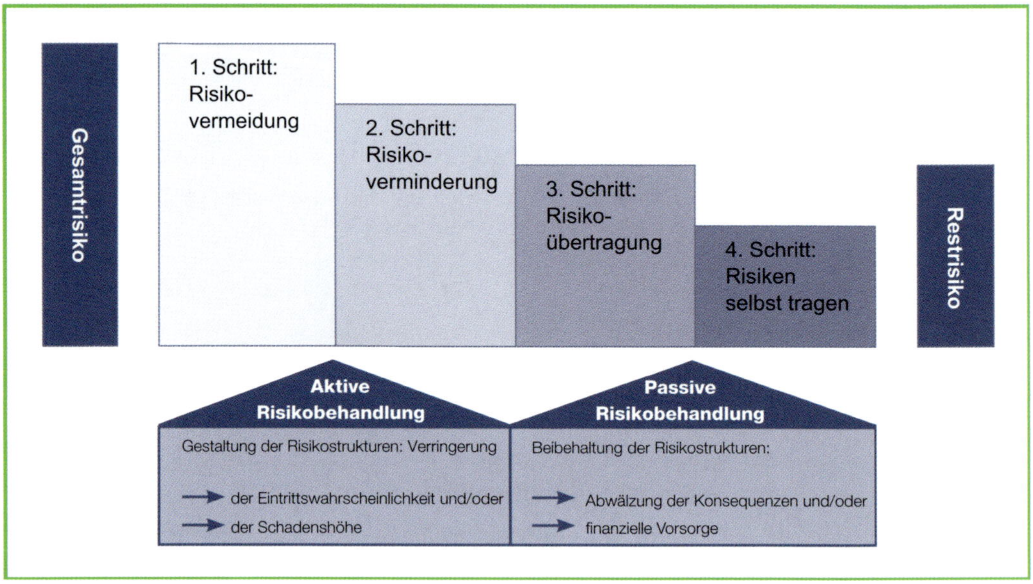

Abb. 15: Treppenmodell zur Risikosteuerung

5.2.2 Risikoidentifikation

Zunächst wird systematisch und strukturiert analysiert, von welchen konkreten Risiken das Unternehmen bedroht sein kann. Dabei spielen nur diejenigen Risiken eine Rolle, die erheblichen Einfluss auf das Projektergebnis haben können.

Alle diese Risiken werden systematisch gesammelt und aufgelistet. Dieses sogenannte Risikoinventar ist nicht von Unternehmen A auf Unternehmen B übertragbar, sondern muss in jedem Unternehmen – eventuell sogar pro Geschäftsfeld – individuell erstellt werden.

Trotzdem muss diese „Stammdatenbank“ nicht komplett neu erfunden werden.

Der Arbeitskreis „Risikomanagement für Unternehmen der Bauindustrie“, organisiert und durchgeführt vom Betriebswirtschaftlichen Institut der Bauindustrie (BWI-Bau) und von Funk RMCE, hat einen umfassenden Katalog an Risiken[12] entwickelt. Er bildet alle Phasen eines Bauprojektes ab: Risiken in der Akquisitionsphase, in der Angebots- und Kalkulationsphase, in der Ausführungsphase sowie in der Gewährleistungsphase.

Aus diesem Katalog müssen dann diejenigen Risiken ausgewählt werden, die auch tatsächlich auf das eigene Unternehmen zutreffen (siehe Abb. 16). Natürlich lässt sich der Katalog auch um unternehmensindividuelle Risiken ergänzen.

Ist das Risikoinventar aus dem Risikokatalog abgeleitet, werden K.-o.-Kriterien definiert. Das sind diejenigen Risiken, die als nicht tolerierbar eingestuft werden, Risiken, die nicht beherrschbar sind und die den sofortigen Abbruch der Projektbearbeitung nach sich ziehen.

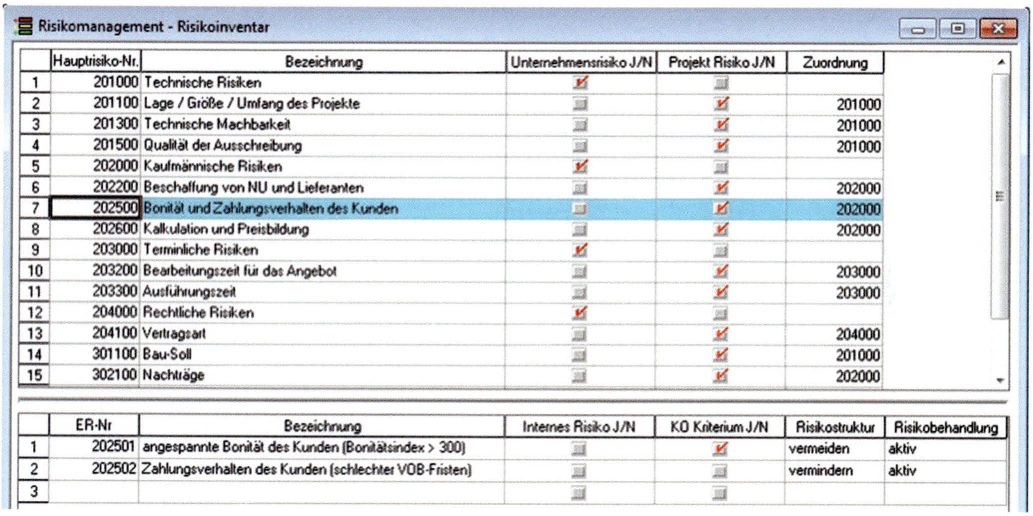

	Hauptrisiko-Nr.	Bezeichnung	Unternehmensrisiko J/N	Projekt Risiko J/N	Zuordnung
1	201000	Technische Risiken	✓		
2	201100	Lage / Größe / Umfang des Projekte		✓	201000
3	201300	Technische Machbarkeit		✓	201000
4	201500	Qualität der Ausschreibung		✓	201000
5	202000	Kaufmännische Risiken	✓		
6	202200	Beschaffung von NU und Lieferanten		✓	202000
7	202500	Bonität und Zahlungsverhalten des Kunden		✓	202000
8	202600	Kalkulation und Preisbildung		✓	202000
9	203000	Terminliche Risiken	✓		
10	203200	Bearbeitungszeit für das Angebot		✓	203000
11	203300	Ausführungszeit		✓	203000
12	204000	Rechtliche Risiken	✓		
13	204100	Vertragsart		✓	204000
14	301100	Bau-Soll		✓	201000
15	302100	Nachträge		✓	202000

	ER-Nr	Bezeichnung	Internes Risiko J/N	KO Kriterium J/N	Risikostruktur	Risikobehandlung
1	202501	angespannte Bonität des Kunden (Bonitätsindex > 300)		✓	vermeiden	aktiv
2	202502	Zahlungsverhalten des Kunden (schlechter VOB-Fristen)			vermindern	aktiv
3						

Abb. 16: Auszug aus dem Risikoinventar

Alle Projekte, die für das Unternehmen grundsätzlich in Frage kommen, werden in eine Projektliste aufgenommen. Darin sollten sich auch Projekte finden, zu denen es noch keine Ausschreibungsunterlagen gibt, von denen man aber schon „gehört“ hat. Denn wenn das Projekt bereits im Submissionsanzeiger steht, ist es oft schon zu spät. Es bleibt wenig Zeit für eine genaue Analyse des Projektes. In der Projektliste werden alle bekannten Informationen zum Projekt hinterlegt, etwa der Auftraggeber, das geschätzte Projektvolumen usw.

In einem Schnellcheck werden zunächst die K.-o.-Kriterien abgefragt. Anschließend wird im Sinne einer Checkliste geprüft, welche Risiken aus dem Risikoinventar im Projekt verborgen sein können, wie relevant und wie wahrscheinlich diese Risiken sind.

12 Vgl. Arbeitskreis Risikomanagement für Unternehmen der Bauindustrie: Strukturierter Risikokatalog auf Projektebene, 13.04.09.

Aus der Einschätzung auf Einzelrisikoebene lässt sich das Projekt dann einer Risikoklasse zuordnen (vgl. Abb. 17).

Den Risikoklassen sind Handlungsanweisungen zugeordnet, in denen festgelegt ist, wie mit dem Projekt umgegangen werden soll und wie detailliert die Risikobewertung und -beurteilung zu erfolgen haben.

So könnte beispielsweise für Projekte einer bestimmten Risikoklasse definiert sein, dass die Kalkulation einem Gegencheck unterzogen werden muss oder dass das Projekt von dem Bauleiter mit der größten Erfahrung durchzuführen ist.

Auch könnten alle Projekte durch eine Art „Angebotskomitee“ gehen, in dem die Chancen und Gefahren diskutiert und schließlich eine Entscheidung getroffen wird. Die Vorselektion bietet dazu eine erste Hilfestellung.

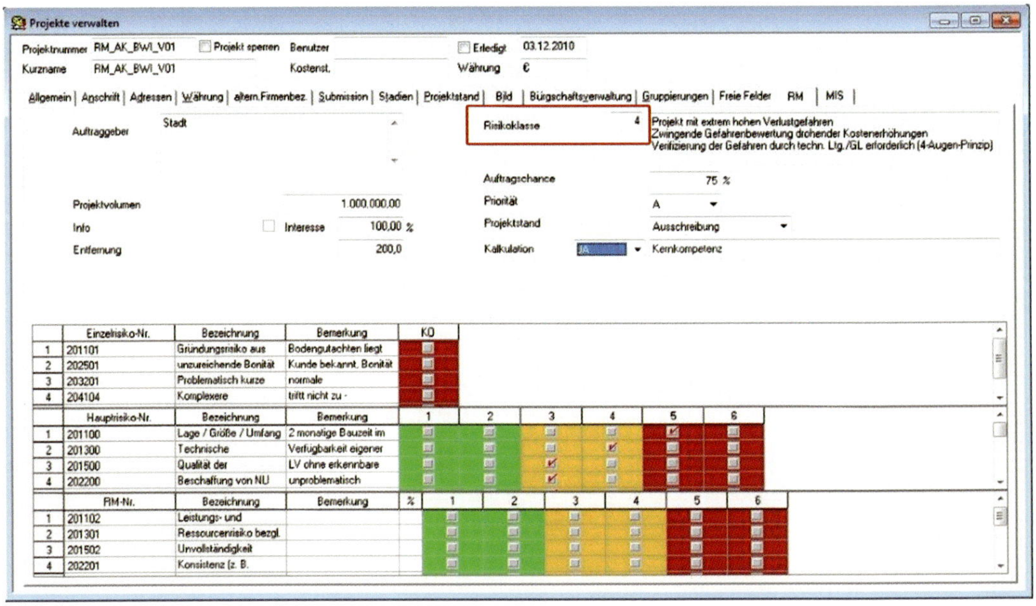

Abb. 17: Vorselektion und Zuordnung von Risikoklassen

5.2.3 Risikobewertung

Bei der Risikobewertung wird ermittelt, wie sich die identifizierten Risiken auf die Kosten eines Bauprojektes auswirken, also wie hoch die möglichen positiven bzw. die negativen Abweichungen vom Planwert sind.

Das ist der logische und zwingende nächste Schritt. Denn Risikokosten sind ein Teil der Gesamtkosten. Sie nicht zu bewerten ist im Kern nichts anderes als einen Teil der Materialkosten oder andere Kostenbestandteile, die faktisch vorhanden sind, auszuklammern. Der Verzicht auf Risikokosten in der Kalkulation ist eines der zentralen Probleme der Bauwirtschaft und damit ein Hauptgrund für die schlechten Umsatzrenditen. Dabei muss auch der klassische Kalkulationsansatz – bei dem über alle Projekte hinweg mit ein und denselben Wagnis- und Gewinnzuschlägen operiert wird – in Frage gestellt werden. Denn dies entspricht einfach nicht der Realität.

Projekte weisen unterschiedliche Risiken auf. Entsprechend sollten auch Risikozuschläge in Abhängigkeit von den in dem Projekt enthaltenen Risiken verteilt werden. Dazu gibt es zwei Möglichkeiten:

- Qualitative Risikobewertung
- Quantitative Risikobewertung.

Qualitative Risikobewertung

Bei der qualitativen Risikobewertung werden die Risikokosten in Form von prozentualen Zuschlägen auf die ermittelten Herstellkosten festgelegt. Jeder Risikoklasse ist dabei ein bestimmter Risikozuschlag zugeordnet. So erhalten Projekte der Risikoklasse 3 einen höheren Zuschlag als Projekte der Klasse 2. Die Risikozuschläge werden Teil der Baustellengemeinkosten (siehe Abb. 18).

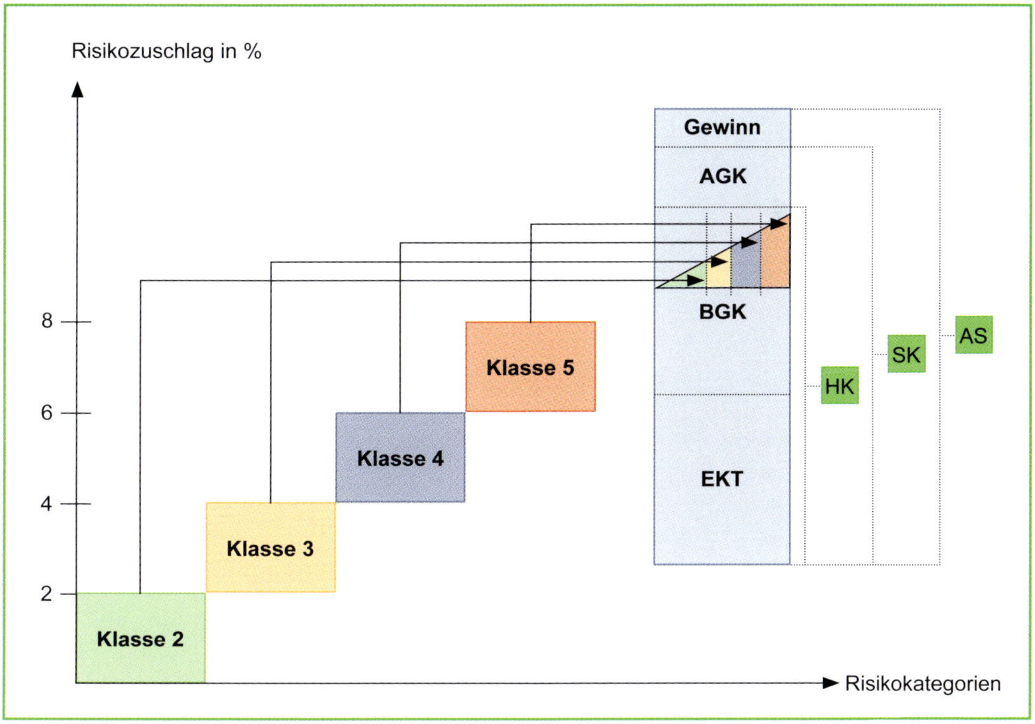

Abb. 18: Qualitative Risikobewertung

Quantitative Risikobewertung

Bei der quantitativen Risikobewertung werden die Einzelrisiken in projektbezogene und leistungsbezogene Risiken unterteilt und separat bewertet. Leistungsbezogene Risiken sind diejenigen Risiken, die in einzelnen LV-Positionen auftreten können, beispielsweise „Materialpreisschwankungen“, während die projektbezogenen Risiken keiner einzelnen Position zuzuordnen sind, sondern auf das komplette Projekt wirken, beispielsweise „Bonitätsrisiken“.

Vorteil dieser Methode ist, dass die Risiken genau am Ort ihrer Entstehung bewertet werden. In der Praxis ist für diese detaillierte Risikobewertung eine Kalkulation erforderlich, in der neben dem Planwert des Projektes – also den zu erwartenden spekulationsfreien Herstell- und Selbstkosten – auch die Bandbreite möglicher risikobedingter Abweichungen angegeben werden kann.

Dies soll keine Mehrbelastung für den Kalkulator bedeuten. Ganz im Gegenteil: Er muss lediglich den Schritt gehen, in Bandbreiten zu denken, also das darzustellen, was er weiß, weg von der Scheingenauigkeit eines Wertes, hin zu dem, was realistischerweise angegeben werden kann, nämlich ein Korridor.

Im Prinzip ist es nichts anderes, als die Überlegungen, die sich Kalkulatoren bei der Kostenermittlung ohnehin machen, zu dokumentieren und damit transparent zu machen.

Sieht der Kalkulator die Möglichkeit der Abweichung in den einzelnen LV-Positionen, dann erfolgt die Bewertung auch genau an dieser Stelle. Es wird eine Bandbreite von „größte Chance“ bis „größte Gefahr“ erfasst (siehe Abb. 19). Diese Bandbreitenkalkulation wird nicht für jede einzelne Position durchgeführt, sondern nur für diejenigen, in denen hohe Risiken stecken. So erhält man neben dem Planwert zusätzlich einen „Mindestwert“ (= Chance) und einen „Maximalwert“ (= Gefahr).

In dem Beispiel in Abb. 19 können die risikobehafteten Herstellkosten 587.951 € betragen, im schlimmsten Fall 793.353 € und im besten Fall 521.451 €.

Beide Extreme werden in der Praxis nicht auftreten, denn es werden weder alle Gefahren noch alle Chancen in voller Höhe zu Buche schlagen. Um einen realistischen Blick auf die Entwicklung der Herstellkosten unter Risikogesichtspunkten zu erhalten, müssen alle möglichen Szenarien durchgerechnet werden. Eine Simulationsrechnung zur Risikoaggregation ist erforderlich.

Risiken	Projektbezogen	Leistungsbezogen	Minimalwert	Kalkulation	Maximalwert
Risiken im Teilabschnitt Kellergeschoss:					
R 1		Pos. 1.010	4.261	4.261	8.518
R 1		Pos. 1.030	5.030	5.030	10.055
R 2		Pos. 2.050	33.160	33.160	39.560
R 3		Pos. 2.060	8.400	9.000	10.800
R 3		Pos. 2.070	8.400	9.000	10.800
Risiken im Teilabschnitt BGK:					
R 4	Int.-Pos. 4		1.200	1.200	1.620
R 5	Int.-Pos. 5		0	0	100.000
Risiken im Teilabschnitt Erdgeschoss (R 6):			210.000	250.000	290.000
Risiken im Teilabschnitt Obergeschoss (R 7):			200.000	220.000	260.000
Risiken im Teilabschnitt Dachgeschoss (R 8):			51.000	56.300	62.000
Summe der risikobehafteten Kosten:			**521.451**	**587.951**	**793.353**

Abb. 19: Quantitative Risikobewertung

	Minimalwert	Kalkulation	Maximalwert
Risiko 3	8.400	9.000	10.800
Risiko 5	--	--	100.000
Risiko 6	210.000	250.000	290.000
etc.	etc.	etc.	etc.

Szenario 1: Risiko 3 wirkt zu 100 % positiv, keine anderen Risiken

Szenario 2: Risiko 3 wirkt zu 50 % positiv, Risiko 5 tritt ein

Szenario 3: Risiko 3 wirkt zu 100 % negativ, Risiko 6 zu 100 % negativ, Risiko 5 tritt ein

Planungsrechnung auf Bauprojektebene		**Szenario 1**	**Szenario 2**	**Szenario 3**	**etc.**
Angebotssumme:	1.022.990 €	1.022.990 €	1.022.990 €	1.022.990 €	... €
Herstellkosten:	890.000 €	889.400 €	989.700 €	1.031.800 €	... €
- davon risikobehaftet:	**587.951 €**	**587.351 €**	**687.651 €**	**729.751 €**	... €
- davon ohne Risiken:	302.049 €	302.049 €	302.049 €	302.049 €	... €
AGK:	102.299 €	102.299 €	102.299 €	102.299 €	... €
Projektergebnis:	30.691 €	**31.291 €**	**-69.009 €**	**-111.109 €**	... €
Deckungsbeitrag:	132.990 €	**133.590 €**	**33.290 €**	**-8.810 €**	... €

Abb. 20: Risikoaggregation

Das Zusammenfassen von Risiken – die Risikoaggregation (Abb. 20)

In Abb. 20 sind exemplarisch drei Szenarien mit den jeweiligen Auswirkungen auf die Herstellkosten dargestellt.

Es wird deutlich, dass diese Berechnungen nur mit Hilfe der IT sinnvoll durchzuführen sind, denn durch die Vielzahl an Möglichkeiten, wie die Risiken wirken können, ergeben sich unendlich viele Risiko-Szenarien.

In der Praxis wird ein Simulationsverfahren – die sogenannte Monte-Carlo-Simulation – angewendet. Damit wird das komplexe Problem der analytischen Summierung gelöst. Es wird eine repräsentative Stichprobe aller möglichen Risiko-Szenarien generiert und analysiert.

Im Ergebnis erhält man eine aggregierte Wahrscheinlichkeitsverteilung (siehe Abb. 21).

Ausgehend von dem wahrscheinlichsten Wert (dem Erwartungswert), nimmt die Wahrscheinlichkeit sowohl nach rechts als auch nach links ab.

Die Wahrscheinlichkeitsverteilung macht das Risikopotenzial transparent. So lässt sich z. B. ableiten, welche maximalen Herstellkosten mit einem Restrisiko von weniger als 5 Prozent nicht überschritten werden.

Welche Konsequenzen dies nach sich zieht, zeigt die Risikobeurteilung.

5.2.4 Risikobeurteilung

Die Risiken sind identifiziert und bewertet. Welche Kosten sie nach sich ziehen und mit welcher Wahrscheinlichkeit diese entstehen, steht fest. Welcher Preis soll nun angesetzt werden? Welche Verluste drohen? Das ist die Phase der Risikobeurteilung.

Üblicherweise wird die Preisuntergrenze durch Addition der in einem Bauprojekt anfallenden Herstellkosten sowie der Allgemeinen Geschäftskosten ermittelt.

Das setzt aber voraus, dass die Herstellkosten fix sind. Tatsächlich hängen sie aber von den wirkenden Chancen und Risiken ab.

Angenommen, in einem Projekt wirkt auf die Herstellkosten ein Risiko, das mit einer Eintrittswahrscheinlichkeit von 50 Prozent Kosten in Höhe von 44.000 € verursacht. In diesem Projekt muss demnach ein Verlustrisiko von 22.000 € einkalkuliert werden. Dieser Wert wäre Bestandteil des erwarteten Gewinns/Verlustes aus Risiken (vgl. Abb. 21).

Tritt das Risiko in vollem Umfang ein, müssen die restlichen 22.000 € im Sinne der Risikotragfähigkeit für den Risikoumfang dieses Projektes zur Verfügung gestellt werden.

Für die Reservierung dieses Eigenkapitals sind die risikoorientierten Eigenkapitalkosten einzukalkulieren. Bei einem Eigenkapitalkostensatz von z. B. 10 Prozent sind das weitere 2.200 €. Auch diese kalkulatorischen Eigenkapitalkosten müssen bei der Preisbildung berücksichtigt werden. Aus der Addition von Selbstkosten (Preisuntergrenze I) und erwartetem Gewinn/Verlust aus Risiken errechnet sich die Preisuntergrenze II, unter zusätzlicher Hinzurechnung der risikoorientierten Eigenkapitalkosten dann die Preisuntergrenze III.

Werden der erwartete Gewinn/Verlust aus Risiken und die risikoorientierten Eigenkapitalkosten bei der Preisbildung nicht berücksichtigt, dann werden die Ergebnisse im Mittel der Projekte nicht auskömmlich sein.

Die Risikoaggregation gibt Aufschluss, welche Verlustrisiken mit welcher Wahrscheinlichkeit auftreten, welche kalkulatorischen Eigenkapitalkosten sie nach sich ziehen und welche Preisuntergrenze sich daraus ableiten lässt.

Wirken in einem Bauprojekt mehrere Risiken gleichzeitig, lässt sich der erwartete Gewinn/Verlust aus Risiken sowie der risikoorientierte Eigenkapitalbedarf nur mittels Simulationsrechnungen ermitteln.

Im Beispiel der Abb. 21 beträgt der erwartete Gewinn/Verlust aus Risiken eines solchen Projektes 46.310 €. Zudem beträgt der risikoorientierte Eigenkapitalbedarf mit einer Wahrscheinlichkeit von 95 Prozent nicht mehr als 55.615 €. Bei einem Eigenkapitalkostensatz von 10 Prozent belaufen sich die risikoorientierten Eigenkapitalkosten auf 5.562 €. Die risikoorientierte Preisuntergrenze III beträgt demnach in der Summe 1.044.171 €.

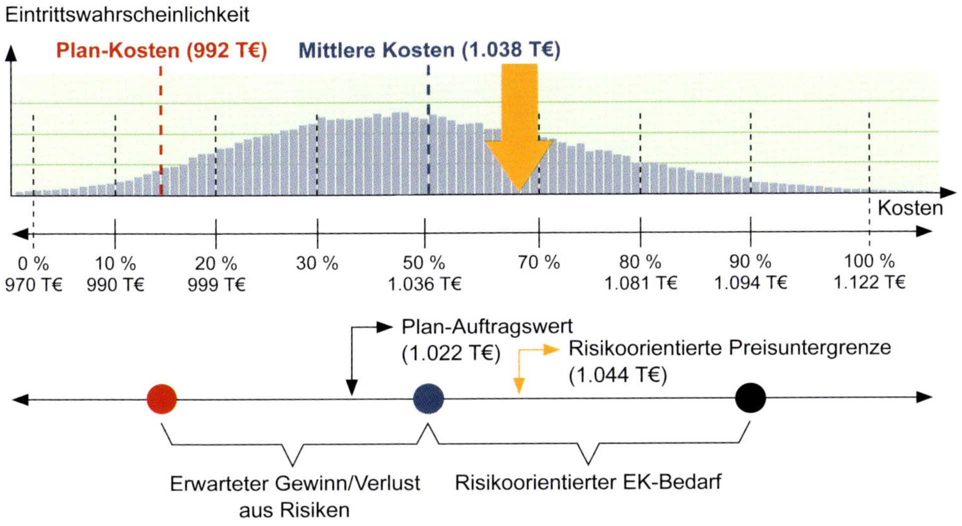

	Planwerte	0 %	5 %	10 %	20 %	mittl. Werte	80 %	90 %	95 %	100 %
Plan-Auftrags-wert	1.022.990	1.022.990	1.022.990	1.022.990	1.022.990	1.022.990	1.022.990	1.022.990	1.022.990	1.022.990
HK, mit identifizierten Risiken		564.949	578.136	585.653	594.779	634.261	677.084	689.876	700.477	718.224
HK, ohne identifizierte Risiken		302.049	302.049	302.049	302.049	302.049	302.049	302.049	302.049	302.049
HK Gesamt	890.000	866.998	880.185	887.702	896.828	936.310	979.133	991.925	1.002.526	1.020.273
AGK	102.299	102.299	102.299	102.299	102.299	102.299	102.299	102.299	102.299	102.299
SK	992.299	969.297	982.484	990.001	999.127	1.038.609	1.081.432	1.094.224	1.104.825	1.122.572
Ergebnis absolut	30.691	53.693	40.506	32.989	23.863	-15.619	-58.442	-71.234	-81.835	-99.582
Ergebnis in %	3,0 %	5,2 %	4,0 %	3,2 %	2,3 %	-1,5 %	-5,7 %	-7,0 %	-8,0 %	-9,7 %
DB absolut	132.990	155.992	142.805	135.288	126.162	86.680	43.857	31.065	20.465	2.717
DB in %	13,0 %	15,2 %	14,0 %	13,2 %	12,3 %	8,5 %	4,3 %	3,0 %	2,0 %	0,3 %
Plan-SK = Preisunter-grenze I	992.299	992.299	992.299	992.299	992.299	992.299	992.299	992.299	992.299	992.299
erwarteter Ge-winn/Verlust aus Risiken	0	46.310	46.310	46.310	46.310	46.310	46.310	46.310	46.310	46.310
Preisunter-grenze II	992.299	1.038.609	1.038.609	1.038.609	1.038.609	1.038.609	1.038.609	1.038.609	1.038.609	1.038.609
risikoorien-tierter Eigen-kapitalbedarf	0	-69.312	-56.125	-48.608	-39.482	0	42.823	55.615	66.215	83.963
Eigenkapital-kostensatz	0	10,0 %	10,0 %	10,0 %	10,0 %	10,0 %	10,0 %	10,0 %	10,0 %	10,0 %
risikoorien-tierte Eigenka-pitalkosten	0	-6.931	-5.613	-4.861	-3.948	0	4.282	5.562	6.622	8.396
Preisunter-grenze III	992.299	1.031.678	1.032.997	1.033.748	1.034.661	1.038.609	1.042.891	1.044.171	1.045.231	1.047.005

Abb. 21: Aggregierte Wahrscheinlichkeitsverteilung

Preisuntergrenzen am Markt durchsetzen

Prinzipiell sollte der Risikoumfang aller Bauprojekte nicht größer sein als die Risikotragfähigkeit des Unternehmens.

Dennoch kann es notwendig sein, einen Preis abzugeben, der von der ermittelten Preisuntergrenze abweicht, sei es, weil es sich um ein besonders wichtiges Projekt oder um einen besonders wichtigen Kunden handelt. Die Festlegung des Preises bleibt nach wie vor eine unternehmerische, strategische Entscheidung.

Die Preisuntergrenze gibt aber Auskunft darüber, welche Restrisiken in einem Projekt stecken und wie viel Eigenkapital entsprechend vorgehalten werden muss. Bezogen auf das konkrete Projekt steht damit eine Basis zur Angebotsabgabe unter Risikogesichtspunkten zur Verfügung. Dies gibt Transparenz für unternehmerische Entscheidungen.

So können die identifizierten und bewerteten Risiken beispielsweise mit dem Auftraggeber besprochen werden.

Gemeinsam kann dann analysiert werden, wie sich Risiken vermeiden oder zumindest verringern lassen, wer die Risiken tragen soll und ob dafür eine Versicherung eingeschaltet werden kann. Dies kann zu sehr partnerschaftlichen Verhältnissen führen.

Eine weitere Handlungsstrategie wäre die Vermeidung bestimmter Projekttyen. Denn wenn es dauerhaft nicht gelingt, Angebotspreise zu platzieren, die die Risiken adäquat abbilden, dann stellen diese Projekttypen auf Dauer eine große Gefahr für die Zukunftssicherung des Unternehmens dar.

Das Ableiten konkreter Strategien ist sehr unternehmensindividuell abzustimmen und kann nicht pauschalisiert werden.

Fazit Teil B

Sobald sich die Auftragschancen konkretisieren, empfiehlt es sich, zumindest bei wichtigen Projekten, den vorgesehenen Projektleiter in die Angebotskalkulation einzubeziehen. Hierauf sollten auch die Strukturen und Arbeitsabläufe im Unternehmen ausgerichtet sein. Gemeinsam mit der Projektleitung wird das Bauwerk vor Angebotsabgabe in Gedanken erstellt. Hierzu ist dem Bauwerk mit Hilfe des Bauwerksmodells eine Struktur zu geben.

Gleichgültig, ob Generalunternehmer oder selbst ausführender Unternehmer: Es ist von großem Wert, die wesentlichen Mengen selbst zu ermitteln. Je nach Vertragsform sind Vertragsmengen, Ausführungsmengen und Abrechnungsmengen zu unterscheiden. Eine gut gegliederte und übersichtliche Mengenbasis ist nicht nur entscheidend für die Preisfindung, sondern auch für ein funktionierendes Bauprojekt-Management in der nachfolgenden Ausführungsphase.

Als zweites Werkzeug, neben dem Bauwerksmodell, dient der Bauzeitenplan, der ebenfalls bereits in der Angebotsphase erstellt wird. Für die Verhandlung eventueller Zahlungspläne ist der mit Kostenwerten verknüpfte Bauzeitenplan unentbehrlich. Ebenso dient er zur Kontrolle wichtiger Kalkulationswerte im Falle der Eigenproduktion (Geräteeinsatzdauer, Personalstärke und Gesamtstundenzahl).

Mit Überführung der Angebotskalkulation in die Vertragskalkulation dokumentieren die Verantwortlichen im Auftragsfall eine konkrete Einschätzung des Projektvolumens und des Ergebnisses.

Die Vertragskalkulation stellt den Abschluss der Vertriebsphase dar und enthält den zu diesem Zeitpunkt bekannten Stand der Planung mit genauerer Festlegung der Produktionsmethoden und Gliederung der Vergabeeinheiten. Diese Arbeiten fließen später in die Arbeitskalkulation-Leistungsvorgabe für die Projektleitung ein. Um die Akzeptanz des Systems bei der Projektleitung sicherzustellen, müssen die Leistungsvorgaben realistisch sein. Ein schlecht „eingekauftes Projekt“ darf nicht über unrealistische Leistungsvorgaben „schön gerechnet“ werden.

Für besondere Risiken sind interne Kosten- oder Erlöspositionen zu bilden und zu kalkulieren.

Für eine funktionierende Steuerung sind die Kostenarten zwischen Kaufleuten und Technikern eng abzustimmen und ein durchgängiges Kostenartensystem zu verwenden. Des Weiteren müssen Spekulationen aufgelöst und Kapitalkosten ausgewiesen werden.

So vorbereitet werden nicht nur die Risiken beherrschbar, sondern die Projektleitung hat den notwendigen Arbeitsvorsprung, um das Projekt von Anfang an sicher steuern zu können.

TEIL C

Steuerung des Bauprojektes während der Bauausführung

1 Umsetzung der zweigliedrigen Auswertung der Arbeitskalkulation

Die wirksamste Kontrolle ist diejenige vor dem Feststellen des Endergebnisses, also vor Fertigstellung der Bauleistung. Die relativ unwirksamste Kontrolle ist die Analyse des erreichten Endergebnisses, also nach Beendigung der Bauausführung.[13] Daher muss ein Bauprojekt zeitnah begleitet werden, um die tatsächliche Situation umgehend möglichst exakt widerspiegeln zu können.

Während der Bauausführung dominieren die Analyse von Abweichungen und das Ergreifen von Korrekturmaßnahmen. Es geht darum, negative Abweichungen frühzeitig aufzuspüren und zu beseitigen, und positive Abweichungen zu fördern und zu verstärken. Das Hauptaugenmerk ist auf das Bauprojektende – bei geschäftsjahrüberschreitenden Baumaßnahmen auch auf das Ende des Geschäftsjahres – gerichtet. Um das Steuerungselement zielgerichtet einzusetzen, müssen die Prognosen/Hochrechnungen aber auf eine fundierte, d. h. eine die Situation des Bauprojektes zum jeweiligen Stichtag realistisch widerspiegelnde Datenbasis gestellt werden.

Diese liefert das Kontroll- und Analyseelement insbesondere durch die – i. d. R. zum Monatsende, aber auch in kürzeren Intervallen – einzusetzenden Instrumente der kurzfristigen Ergebnisrechnung sowie Vergleichsrechnungen einschließlich Abweichungsanalysen. Die eigentliche Steuerung baut dann auf diesen Kontrollrechnungen und Abweichungsanalysen auf.

1.1 Erste Arbeitskalkulation Prognosesicht

Nachdem die erste Vertragskalkulation VK(o) und die erste Arbeitskalkulation-Leistungsvorgabe AK(o) im Rahmen der Planungsphase erstellt wurde, beginnt die Ausführungsphase mit dem ersten Vergleich zwischen Leistungsvorgabe und Ist-Werten. Mit dem Wissen dieser Abweichungsanalyse erstellt die Projektleitung ihre erste Prognosekalkulation PK(o). Leistungswerte, welche von den Kalkulationsvorgaben deutlich abweichen, werden an die reale Leistung angepasst. Ebenso werden in der PK auch alle offenen und noch nicht gestellten AG-Nachträge bewertet. Alle bekannten und zu erwartenden Nachunternehmervergaben und Materialeinkaufspreise werden genau so berücksichtigt wie genehmigte AG-Nachträge. Auch offene Nachträge seitens der Nachunternehmer sind zu bewerten. Genauso sind voraussichtliche Ausführungsmengen und Abrechnungsmengen auf den aktuellen Stand zu bringen.

1.2 Fortgeschriebene Vertragskalkulation

Während der Bauausführung erfolgt auch die Fortschreibung der VK(o) in Form der VK(i). Diese muss i. d. R. durch Bauprojekt-Management und Vertriebsleitung dynamisch, aber immer auf der Basis vertraglich vereinbarter Nachträge, fortgeschrieben werden. Nicht nachtragsrelevante Änderungen in der Bauausführung, z. B. Austausch von Eigenleistung zu Nachunternehmerleistung oder Leistungsverschiebungen zwischen Gewerken (z. B. Schlosser-

---

13 Vgl. Hahn, D.: Planungs- und Kontrollrechnung als Führungsinstrument, Wiesbaden 1974, S. 813.

arbeiten zu Stahlbau), dürfen sich nur in der Kostenartenstruktur in Form kostenneutraler Verschiebungen widerspiegeln.

Wichtig ist, dass die VK(i) nur genau die Daten beinhalten darf, welche zum Zeitpunkt der Beauftragung des Hauptauftrages und des jeweiligen Nachtrages bekannt und kalkuliert waren.

Das Vermischen von Prognose-Daten (z. B. realisierte Vergaben an Nachunternehmer) mit Vorgabedaten und Auftragsdaten, wie es z. B. die KLR Bau[14] in der eingliedrigen Form der Arbeitskalkulation beschreibt und wie es in der Praxis der Bauunternehmen oft anzutreffen ist, muss als unzweckmäßig und problematisch angesehen werden, da hierbei Leistungsvorgabe- und Prognose-Daten nicht voneinander zu trennen sind und spezifische Abweichungen nicht mehr nachvollzogen werden können.

1.3 Fortgeschriebene Leistungsvorgabekalkulation

Ebenfalls während der Bauausführung erfolgt eine Fortschreibung der AK(o) in Form einer AK(i). Diese enthält alle in der Fortschreibung der VK(i) berücksichtigten Nachträge. Zusätzlich sind aber zwei weitere Sachverhalte zu prüfen.

Erstens ist bei Einpflegen genehmigter Nachträge zu entscheiden, wie diese die Leistungsvorgabe (AK) verändern. Sollen sich die Leistungsvorgaben an den verhandelten Nachtragspreisen ausrichten, d. h. verändern gute oder schlechte Margen die Höhe der Leistungsvorgabe?

Zweitens sind in die AK(i) auch solche nicht (oder noch nicht) genehmigten Nachträge einzuarbeiten, die im Rahmen der Projektrealisation auszuführen sind und deren Entstehung und Ablehnung **nicht** von der Projektleitung zu verantworten ist.

1.4 Fortgeschriebene Prognosekalkulation

Ein effizientes Bauprojekt-Management verlangt insbesondere eine ständig aktuelle Sicht auf das Bauprojektende.

Ziel dieser Betrachtung muss es sein, alle sich abzeichnenden Informationen, die sich (zukünftig) auf die Herstellkosten, den Deckungsbeitrag, das Ergebnis und die Leistung zum Bauprojektende auswirken, möglichst frühzeitig transparent zu machen und offen zu legen. Beispiele hierfür sind eingetretene und erwartete Kostenänderungen für Nachunternehmerleistungen, Materialeinkäufe, Geräteeinsätze, Löhne, Leistungs- und Aufwandswerte sowie gestellte und erwartete Nachträge von Nachunternehmern.

Gleichzeitig sind selbstverständlich auch positiv ergebniswirksame Umstände, wie z. B. offene, aber zu realisierende Nachtragspotenziale gegenüber dem Auftraggeber (Erlösänderungen), in die Prognosekalkulation einzurechnen.

14 Vgl. Hauptverband der Deutschen Bauindustrie; Zentralverband des Deutschen Baugewerbes (Hrsg.): KLR Bau – Kosten- und Leistungsrechnung der Bauunternehmen, 7. Aufl., Wiesbaden/ Berlin, Köln, Düsseldorf 2001, S. 13.

Somit ist die Prognosekalkulation – genau wie die Arbeitskalkulation – dynamisch fortzuschreiben, wobei alle realisierten, aber auch zukünftig zu erwartenden Werte (nach Bewertung) eingearbeitet werden müssen.

Die Ermittlung der Prognosen stellt die eigentliche Steuerungsaufgabe dar, da nur die ständig aktuelle und realitätsnahe Sicht auf das Bauende/Berichtsjahresende Abweichungen gegenüber Leistungsvorgaben frühzeitig in ihrer ganzen Tragweite aufzeigt und zielgerichtete Steuerungsaktivitäten ermöglicht (vgl. Abb. 22). In der Prognose sind insbesondere auch die tatsächlich zu erwartenden Ausführungsmengen zu berücksichtigen. Hier zeigt sich also auch, „ob Spekulationen voraussichtlich aufgehen oder nicht".

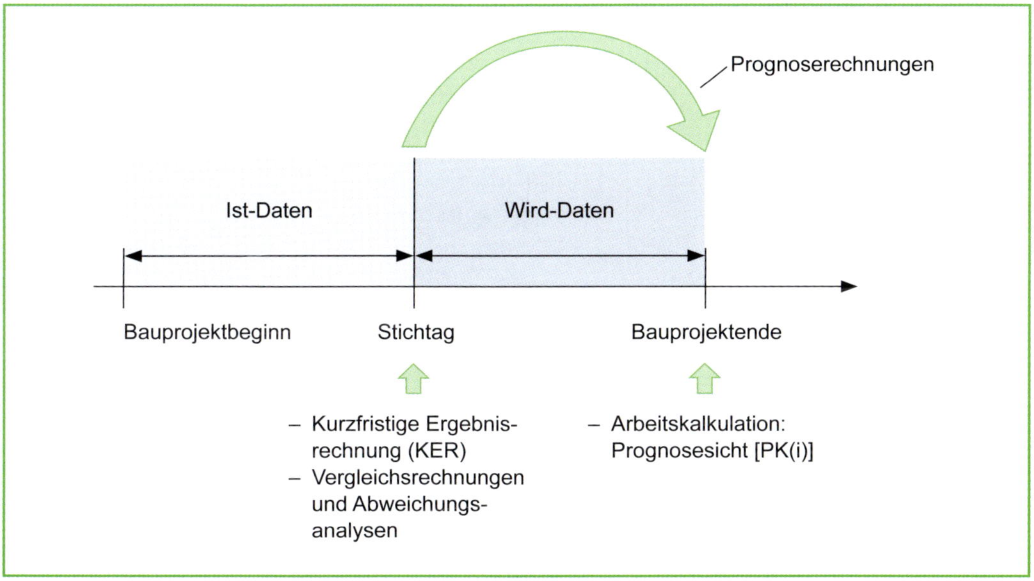

Abb. 22: Prognoserechnung

Enthält die PK(o) zunächst lediglich Kalkulations-Daten, so kombiniert die fortgeschrittene PK(i) während der Bauausführung bereits realisierte Ist- mit Kalkulations-Daten. Die Ist-Daten entstammen dabei der i. d. R. zum Monatsende durchzuführenden kurzfristigen Ergebnisrechnung.

Bei guter Qualität der Prognosekalkulation deckt sich deren letzte Fortschreibung weitestgehend mit den realisierten Ist-Daten nach Beendigung der Bauausführung. Die Prognosekalkulation stellt die Basis für die Nachkalkulation dar (vgl. Abb. 23).

Zusammen mit Erkenntnissen aus Vergleichsrechnungen und Abweichungsanalysen sowie Erfahrungswerten (zum Beispiel über zu erwartende, potenzielle Nachträge) sind diese Daten für das Bauprojekt-Management von wesentlicher Bedeutung, weil sich nur auf der Basis von realisierten Ist-Daten realistische Hochrechnungen auf das Bauprojektende durchführen lassen.

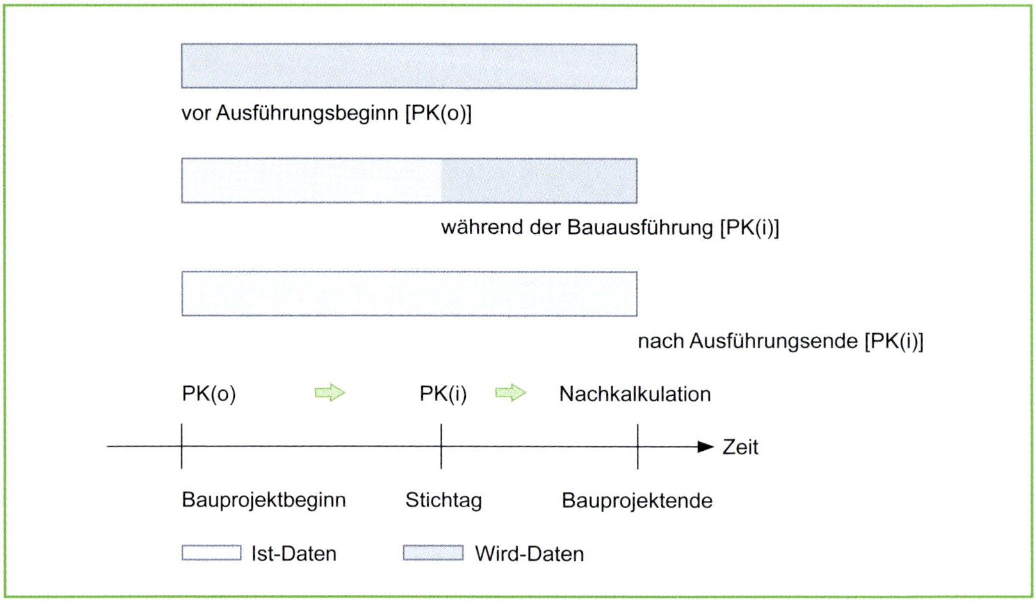

Abb. 23: Der Übergang von Wird- zu Ist-Daten in der PK(i)

Entscheidend ist die fortgesetzte Auswertung der Arbeitskalkulation nach den zwei Sichtweisen:

- Leistungsvorgabe (durch Geschäftsführer/Vertriebsleiter in Abstimmung mit der Projektleitung gepflegt)
- Prognose (durch Projektleitung gepflegt)

1.5 Zweigliedrige Auswertung mit Bausoftware

Um die Bedienung der Software einfach zu halten, erfolgt eine ablaufgerechte Eingabe und Auswertung. Dazu werden während der Bauphase drei Bereiche der Eingabe unterschieden:

- Vertragskalkulation
- Leistungsvorgabe
- Prognose

Die Vertragskalkulation wird von demjenigen erstellt, der für die Auftragsgewinnung verantwortlich ist. Die Arbeitskalkulation-Leistungsvorgabe wird von der technischen Leitung in Abstimmung mit der Projektleitung erstellt und die Arbeitskalkulation-Prognosesicht wird von der Projektleitung/Bauleitung bearbeitet.

Die differenzierte Datenhaltung erzeugt die Software automatisch entsprechend der Regeln, die der Anwender definiert. Über individuelle Nutzerrechte kann projekt- bzw. unternehmensindividuell eingestellt werden, wer in welchem Modus ändern darf, sodass jeder Anwender genau seinem Verantwortungsbereich der vorgegebenen Unternehmensorganisation entsprechend die Daten der Arbeits- und Prognosekalkulation pflegen kann. Des Weiteren sind Eingaben, welche in einem Bereich erfolgen und für alle oder mehrere Bereiche gültig sind, nur einmal zu tätigen.

1.5.1 Hauptauftrag

Nach Auftragserteilung und Erstellung der Vertragskalkulation wird nur noch in der Arbeitskalkulation gearbeitet.

Dabei unterscheidet die Software zwei Eingabemodi:

- Leistungsvorgaben erstellen und pflegen,
- Prognosewerte erstellen und pflegen (Anpassung der Leistungsvorgabe an die tatsächlich erreichte Leistung und Bewertung von Kosten und Erlösen).

Aktuelle Einkaufs- bzw. Vergabepreise werden bei Vergabe/Bestellung automatisch in beide Kalkulationsmodi übernommen und überschreiben die ursprünglichen Kalkulationsansätze. Sofern die Vergabe der NU-Leistungen an die Projektleitung delegiert ist, stellen die Werte der Arbeitskalkulation eine Leistungsvorgabe dar. In diesem Fall kann die Übernahme von Vergabepreisen in den Leistungsvorgabemodus gesperrt werden.

1.5.2 Angebotene/offene Nachträge

Angebotene Nachträge stehen als offene Nachträge zunächst nur in der Prognosekalkulation zur Verfügung und können sowohl auf Erlös- als auch auf Kostenseite geändert werden. Wahlweise kann die Software auch so geregelt werden, dass alle angebotenen Nachträge oder ausgewählte angebotene Nachträge in beiden Modi der Arbeitskalkulation erfasst werden und wechselseitig zur Verfügung gestellt werden können.

1.5.3 Genehmigte/entschiedene Nachträge

Werden Nachträge genehmigt, stehen sie sofort in gleicher Form in der Arbeitskalkulation-Leistungsvorgabe und in der Prognosekalkulation sowie in der Vertragskalkulation zur Verfügung. Sie können in der Leistungsvorgabe und in der Prognose jeweils im Kostenansatz und im Mengenansatz, nicht aber im Einheitspreis geändert werden. Das Recht „genehmigt setzen“ kann (projekt- oder unternehmensbezogen) auf bestimmte Personen begrenzt werden.

Wird ein Nachtrag abgelehnt, obwohl er auszuführen ist, ist sein Kostenansatz aus dem Angebot in die Arbeitskalkulation-Leistungsvorgabe und in die Prognosekalkulation zu übernehmen. In der Vertragskalkulation müssen solche Leistungen jedoch ohne Wert bleiben. Die Leistung ist in diesem Fall eindeutige Vertragspflicht, auch wenn sie vertragsgemäß nicht extra vergütet wird.

1.5.4 Auswertungen während der Bauphase

Bei Bedarf können die Vertriebsleitung und Projektleitung alle auftragnehmerseitigen Änderungen durch Filterkriterien noch stärker untergliedern, um nach diesen Kriterien noch feiner auswerten zu können:

Kalkulationsseitige Änderungen (Leistungsvorgabesicht)

- Kalkulationsfehler

Produktionsseitige Änderungen (Prognosesicht)

- Leistungsdefizite der Baustelle
- Leistungsverbesserungen der Baustelle
- Geändertes Produktionsverfahren (z. B. anderer Schalungstakt)
- Geänderte Geräteausstattung (z. B. Wechsel der Fertigergerätegruppe)
- Tausch Eigenleistung in Fremdleistung

Eine solchermaßen durchgeführte Markierung von Änderungen innerhalb der Kalkulation erlaubt die Summierung aller Erlös- und Kostenänderungen pro Änderungsgrund. Die Entwicklung des Baustellenergebnisses wird dadurch noch besser verständlich.

Die Auswertungen sind nach zwei Hauptgesichtspunkten gegliedert:

Welche der drei Auswertungsbasen wird betrachtet?

→ Vertragskalkulation VK(i)

→ Arbeitskalkulation-Leistungsvorgabe AK(i)

→ Arbeitskalkulation-Prognose PK(i)

Welcher Beauftragungsstatus aus Sicht des AG wird betrachtet?

→ Der beauftragte Teil, bestehend aus Hauptauftrag und Nachträgen (und deren Erlöse und Kosten)

→ Abgelehnte, aber auszuführende Nachträge (und deren Kosten)

→ Offene AG-Nachträge (und deren Erlöse und Kosten)

Als Resultat erhält man eine übersichtliche und sehr transparente Ergebnisdarstellung (siehe Abb. 24).

2 Kurzfristige Ergebnisrechnung zum Stichtag bei eigener Produktion

Die Überschrift formuliert bereits eine wichtige Voraussetzung. Um aussagefähige Ergebnisse zu erhalten, müssen sich alle Projektbeteiligten auf einen Zeitpunkt einigen, zu welchem sie die Informationen aus ihrem Verantwortungsbereich auf einen aktuellen Stand bringen. Ob dies wöchentlich, monatlich, quartalsweise oder sogar nur jährlich erfolgt, ist unternehmensspezifisch zu vereinbaren. Je besser das Bauprojekt-Management-System organisiert ist, desto kürzer sind die Zeitabstände, in denen die „Stichtage" liegen können. Realistisch gesehen, dürfte der kürzest erreichbare Zeitabstand die Kalenderwoche sein. In der heute anzutreffenden Situation bei den meisten Unternehmen ist es wohl eher der Kalendermonat.[15]

---

15 Vgl. Seyfferth, G.: Praktisches Baustellen-Controlling – Handbuch für Bau- und Generalunternehmen, Braunschweig/Wiesbaden 2003, S. 151.

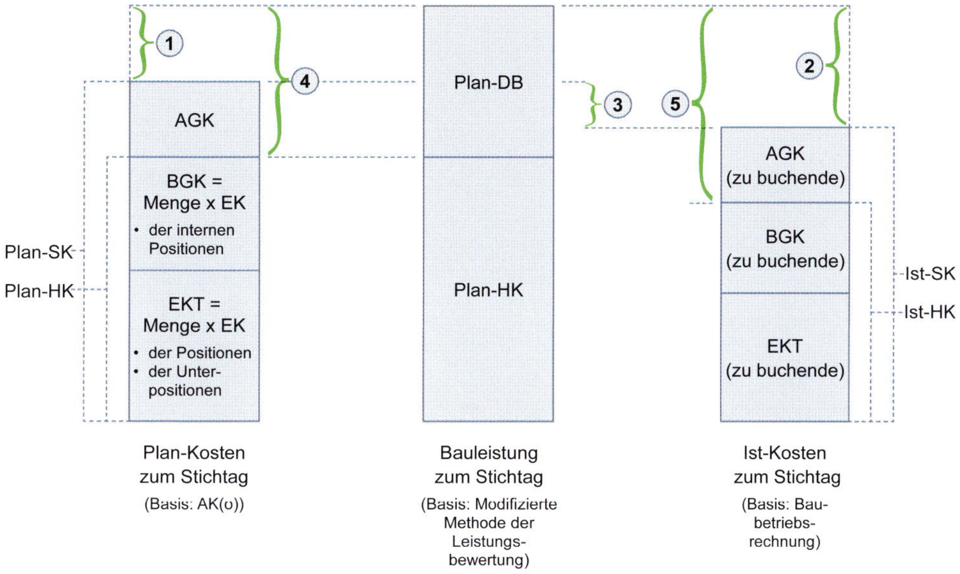

Legende:

EKT	Einzelkosten der Teilleistungen
AGK	Allgemeine Geschäftskosten
EK	Einzelkosten
HK	Herstellkosten
SK	Selbstkosten
DB	Deckungsbeitrag
BGK	Baustellengemeinkosten

① Plan-Ergebnis: Differenz von Ist-Bauleistung zu Plan-Selbstkosten (Vertragssicht zum Stichtag)
② Ist-Ergebnis: Differenz von Ist-Bauleistung zu Ist-Selbstkosten (Prognosesicht zum Stichtag)
③ Ergebnisveränderung: Differenz von Plan-Ergebnis und Ist-Ergebnis
④ Plan-Deckungsbeitrag: Differenz von Ist-Bauleistung und Plan-Herstellkosten
⑤ Ist-Deckungsbeitrag: Differenz von Ist-Bauleistung und Ist-Herstellkosten

Abb. 25: Steuerungsgrößen im Bauprojekt-Management

Die kurzfristige Ergebnisrechnung (KER) ermittelt aus der Differenz von Selbstkosten und Bauleistung zunächst das Ergebnis einzelner Bauprojekte und verdichtet die Ergebnisse aller Bauprojekte je nach Unternehmensorganisation bis hin zum Betriebsergebnis. Für das Bauprojekt-Management ist dabei das aktuelle Ergebnis eines Bauprojektes – differenziert nach dem Zeitraum von Ausführungsbeginn bis zum Stichtag (i. d. R. zum Ende des Berichtsmonats) sowie isoliert in der Berichtsperiode – von besonderer Bedeutung. Es ist zu prüfen, ob die Plan-Daten aus der Vertragskalkulation bzw. aus der fortgeschriebenen Vertragskalkulation eingehalten werden konnten, etwaige Abweichungen aufgetreten sind und ggf. Korrekturmaßnahmen im Sinne von Steuerungsaktivitäten eingeleitet werden müssen. Im Einzelnen werden hierfür die durch den Bauproduktionsprozess verzehrten, direkt zurechenbaren oder durch Umlagen verteilten Ist-Kosten eines Bauprojektes aufaddiert und der zum Stichtag bewerteten (teilfertigen) Bauleistung gegenübergestellt.

715 610 Ostendstraße		Erlöse							Kosten				Ergebnis		
1. Hauptauftrag (HA) und genehmigte AG-Nachträge (NA)		HA		genehmigte AG-NA		Verschiebung	HA / genehmigte AG-NA		HA / genehmigte AG-NA				beauftragt		
		Angebots-kalkulation	Vertrag (VK_0)	Mengen-änderung	Leistungs-änderung	kosten-neutral	Vertrag (VK_i)	Erlös-prognose	Leistungs-vorgabe (AK_i)	Prognose (PK_i)	Vergabe-stand	Abrech-nungsstand lt. BA	AK_i	PK_i	
Rohbau	HA	304,0	300,0			60,0	360,0	355,0	335,0	365,0	350,0	182,1	25,0	-10,0	
	1. NA			30,0			30,0	30,0	25,0	28,0	24,0	23,3	5,0	2,0	
	2. NA				55,0		55,0	55,0	55,0	47,0	offen		0,0	8,0	
Ausbau	HA	363,0	350,0			-60,0	290,0	280,0	275,0	278,0	260,0	54,4	15,0	2,0	
	1. NA				55,0		55,0	50,0	50,0	50,0	45,0		5,0	0,0	
Haustechnik	HA	285,0	300,0				300,0	300,0	280,0	290,0	280,0	45,2	20,0	10,0	
Außenanlagen	HA	55,0	50,0				50,0	50,0	50,0	45,0	46,0		0,0	5,0	
Gesamt		1.007,0	1.000,0	30,0	110,0	0,0	1.140,0	1.120,0	1.070,0	1.103,0	1.005,0	305,0	70,0	17,0	Erg. aus EKT
Zuschlag	10%	100,7	100,0	3,0	11,0		114,0	112,0	107,0	110,3			7,0	1,7	Erg. aus Zuschlag
Zins	1%	10,1	10,0	0,3	1,1		11,4	11,2	10,7	11,0			0,7	0,2	Erg. aus Zins
WuG		40,0	40,0	1,2	5,4		46,6	45,8	124,3	64,7			46,6	45,8	WuG kalkuliert
													124,3	64,7	Ergebnissumme aus 1.
Angebotssumme		1.157,8													
Auftragssumme			1.150,0	34,5	127,5		1.312,0	1.289,0	1.312,0	1.289,0					

2. Abgelehnte, aber auszuführende AG-Nachträge		abgelehnte AG-NA		abgelehnte AG-NA				abgelehnt		
		Angebots-kalkulation	Vertrag (VK_i)	Leistungs-vorgabe (AK_i)	Prognose (PK_i)	Vergabe-stand	Abrech-nungsstand lt. BA	AK_i	PK_i	
Rohbau	4. NA	100,0	57,0	57,0	35,0	35,0	17,0	-57,0	-35,0	
Ausbau	3. NA	40,0	20,0	20,0	15,0	15,0		-20,0	-15,0	
Gesamt		140,0	77,0	77,0	50,0	50,0	17,0	-77,0	-50,0	Erg. aus EKT
Zuschlag	10%	14,0	7,7	7,7	5,0			-7,7	-5,0	Erg. aus Zuschlag
Zins	1%	1,4	0,8	0,8	0,5			-0,8	-0,5	Erg. aus Zins
WuG		4,6	-85,5	-85,5	-55,5					
								-85,5	-55,5	Ergebnissumme aus 2.
Angebotssumme		160,0								
Auftragssumme			0,0	0,0	0,0					

3. Offene AG-Nachträge (Angebotskalkulat.)	offene AG-NA		offene AG-NA				offen	
	Angebots-kalkulation	Erlös-prognose	Leistungs-vorgabe (AK_i)	Prognose (PK_i)	Vergabe-stand	Abrech-nungsstand lt. BA	AK_i	PK_i

		Angebots-kalkulation	Vertrag (VK_i)	Erlös-prognose	Leistungs-vorgabe (AK_i)	Prognose (PK_i)	Vergabe-stand	Abrech-nungsstand lt. BA	AK_i	PK_i	
Rohbau	3. NA	80,0		40,0	40,0	45,0	offen		0,0	-5,0	
Ausbau	2. NA	20,0		20,0	13,0	15,0	12,0		7,0	5,0	
Haustechnik	1. NA	80,0		80,0	70,0	70,0	offen		10,0	10,0	
Gesamt		180,0		140,0	123,0	130,0	12,0		17,0	10,0	Erg. aus EKT
Zuschlag	10%	18,0		14,0	12,3	13,0			1,7	1,0	Erg. aus Zuschlag
Zins	1%	1,8		1,4	1,2	1,3			0,2	0,1	Erg. aus Zins
WuG		8,2		7,1	26,0	18,2			7,1	7,1	WuG kalkuliert
									26,0	18,2	Ergebnissumme aus 3.
Angebotssumme		208,0									
Auftragssumme				162,5	162,5	162,5					

4. Gesamtergebnis Leistungsvorgabe und Prognose

		gesamt			gesamt				gesamt		
		Angebots-kalkulation	Vertrag (VK_i)	Erlös-prognose	Leistungs-vorgabe (AK_i)	Prognose (PK_i)	Vergabe-stand	Abrech-nungsstand lt. BA	AK_i	PK_i	
Rohbau	HA	304,0	360,0	355,0	335,0	365,0	350,0	182,1	25,0	-10,0	
	1. NA	30,0	30,0	30,0	25,0	28,0	24,0	23,3	5,0	2,0	
	2. NA	55,0	55,0	55,0	55,0	47,0	offen		0,0	8,0	
	3. NA	80,0		40,0	40,0	45,0	offen		0,0	-5,0	
	4. NA	100,0	57,0	0,0	57,0	35,0	35,0	17,0	-57,0	-35,0	
Ausbau	HA	363,0	290,0	280,0	275,0	278,0	260,0	54,4	15,0	2,0	
	1. NA	55,0	55,0	50,0	50,0	50,0	45,0		5,0	0,0	
	2. NA	20,0		20,0	13,0	15,0	12,0		7,0	5,0	
	3. NA	40,0	20,0	0,0	20,0	15,0	15,0		-20,0	-15,0	
Haustechnik	HA	285,0	300,0	300,0	280,0	290,0	280,0	45,2	20,0	10,0	
	1. NA	80,0		80,0	70,0	70,0	offen		10,0	10,0	
Außenanlagen	HA	55,0	50,0	50,0	50,0	45,0	46,0		0,0	5,0	
Gesamt		1.327,0	1.217,0	1.260,0	1.270,0	1.283,0	1.067,0	322,0	10,0	-23,0	Erg. aus EKT
Zuschlag	10%	132,7	121,7	126,0	127,0	128,3			1,0	-2,3	Erg. aus Zuschlag
Zins	1%	13,3	12,2	12,6	12,7	12,8			0,1	-0,2	Erg. aus Zins
WuG		52,8	-38,9	52,9	41,8	27,4			53,7	52,9	WuG kalkuliert
									64,8	**27,4**	Ergebnis gesamt
Angebotssumme		1.525,8									
Auftragssumme			1.312,0	1.451,5	1.451,5	1.451,5					

Vergabestand [%]: 87,10 %

Abrechnungsstand [%]: 28,25 %

Vergabestand [%] : Fortschritt der NU-Vergabe, gewichtet nach VK_i-Werten; offene Nachträge mit Erlösprognose bewertet

Abrechnungsstand [%] : Fortschritt der AG-Abrechnung, gewichtet nach VK_i-Werten

Ergebnisermittlung : AK_i :Ergebnis nach Arbeitskalkulation, berechnet aus der Differenz von Vertragskalkulation (VK_i) und Leistungsvorgabe (AK_i); offene Nachträge mit Erlösprognose bewertet

PK_i :Ergebnis nach Prognosekalkulation, berechnet aus der Differenz von Erlösprognose und Prognosekalkulation (PK_i)

Abb. 24: Berichtsmuster Projektkosten und -erlöse

Abb. 24: Berichtsmuster Projektkosten und -erlöse

In der ersten Berichtsperiode liefert die Vertragskalkulation meist aufgrund noch ausstehender Arbeitskalkulationen die Basisdaten für die kurzfristige Ergebnisrechnung in Form von Plan-Daten. Wie bereits ausgeführt, erfahren diese Daten aber eine Aktualisierung durch auftraggeberseitig zu vertretende Änderungen des Bau-Solls. Danach sollte dann auch die erste Arbeitskalkulation-Leistungsvorgabe erstellt worden sein, sodass die kurzfristige Ergebnisrechnung in der zweiten Berichtsperiode dann wahlweise auf die Daten der Vertragskalkulation oder der Arbeitskalkulation-Leistungsvorgabe als Basisdaten zurückgreift. Darüber hinaus sollte auch die Möglichkeit eingeräumt werden, die KER auf die Prognosekalkulation aufzusetzen.

Die kurzfristige Ergebnisrechnung liefert wichtige Steuerungsdaten für die Phase des Bauprojekt-Managements während der Bauausführung. Stellt man nämlich die **Bauleistung zum Stichtag** den ermittelten Soll-Kosten aus der Arbeitskalkulation-Leistungsvorgabe bzw. den realisierten Ist-Kosten gegenüber, so lassen sich folgende Steuerungsgrößen ableiten (vgl. Abb. 25):

- Plan-Ergebnis
- Ist-Ergebnis
- Ergebnisveränderung
- Plan-Deckungsbeitrag
- Ist-Deckungsbeitrag

2.1 Kostenermittlung und Notwendigkeit der Kostenabgrenzung

Die in der Baubetriebsrechnung enthaltenen Kosten stimmen aufgrund der Verbuchungsmechanismen in den Bauunternehmen oftmals nicht mit den durch den Produktionsprozess entstandenen Kosten überein. Dies resultiert aus dem Umstand, dass bei den in der Bauwirtschaft heute gängigen Anwendungen der Betriebsbuchhaltung Lieferanten- und Nachunternehmerkosten in Abhängigkeit des Rechnungseinganges und nicht der Kostenentstehung verbucht werden. In anderen Wirtschaftszweigen wird dieses Problem umgangen, indem man die Betriebsbuchhaltung tagesaktuell, z. B. Lieferscheine gegen Bestellung bucht und so von der Rechnungsstellungsgeschwindigkeit der Lieferanten unabhängig ist. Dies setzt allerdings einen geordneten Einkaufsprozess voraus, der in vielen Bauunternehmen heute noch nicht in seiner vollen Bedeutung erkannt und umgesetzt ist.

Für die kurzfristige Ergebnisrechnung sind genau diejenigen Ist-Kosten zu berücksichtigen, deren Mengenkomponenten auch bei der Leistungsbewertung zum Stichtag berücksichtigt werden. Das heißt: Ist-Kosten und Bauleistung müssen auf dem gleichen Mengengerüst basieren, um eine aussagefähige Vergleichbarkeit und Gegenüberstellung zu ermöglichen. Hierfür sind durch sog. Abgrenzungen noch nicht verarbeitete und damit noch nicht leistungswirksame Bestände/Vorräte auf der Baustelle aus den verbuchten Kosten herauszurechnen, die durch Buchung der Eingangsrechnung in der Baubetriebsrechnung bereits wertmäßig erfasst wurden. Gleichzeitig sind durch Hinzurechnungen nicht verbuchte aber bereits entstandene und damit leistungswirksame Kosten wertmäßig einzubeziehen (vgl. Abb. 26).[16]

---

16 Vgl. Leimböck, E.: Bauwirtschaft, Stuttgart – Leipzig 2000, S. 354.

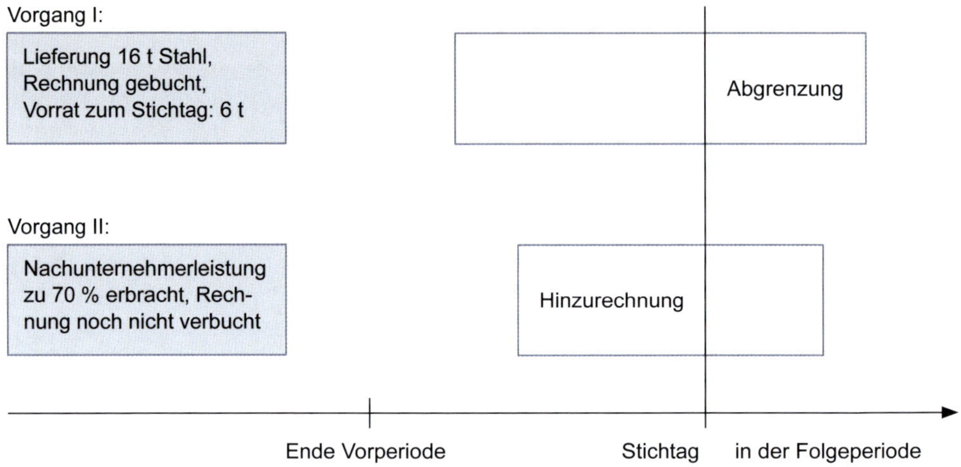

Kostenarten \ Kosten	gebucht	entstanden, aber ungebucht	Ist-Kosten zum Stichtag	gebucht, aber Bestand
Lohn- und Gehaltskosten für Arbeiter und Poliere	=		=	
Kosten der Baustoffe und des Fertigungsmaterials	=		=	
Kosten des Rüst-, Schal- und Verbaumaterials, der Hilfsstoffe	=	+ Hinzurechnung	=	./. Abgrenzung
Kosten der Geräte	=		=	
Kosten der Geschäfts-, Betriebs- und Baustellenausstattung	=		=	
Allgemeine Kosten	=		=	
Fremdarbeitskosten	=		=	
Kosten der Nachunternehmerleistung	=		=	

Abb. 26: Abgrenzungen und Hinzurechnungen

Hat ein Nachunternehmer seine anteilige Bauleistung erbracht und wird diese in der Bewertung der Bauleistung zum Stichtag berücksichtigt, dann müssen die Kosten dieser Nachunternehmerleistung in der kurzfristigen Ergebnisrechnung berücksichtigt werden, unabhängig davon, ob der Nachunternehmer seine Leistung bereits in Rechnung gestellt hat oder nicht. Die Baustelle muss in entsprechender Weise mit den Kosten belastet werden.

Hat der Nachunternehmer mehr in Rechnung gestellt als er geleistet hat, so muss die Baustelle von den entsprechenden Kosten entlastet (und Zahlungen bis auf Weiteres gesperrt) werden.

Hat ein Materiallieferant seine Lieferung auf eine Baustelle bereits in Rechnung gestellt und ist gleichzeitig die gelieferte Menge nur teilweise in der Bauleistung zum Stichtag enthalten, dann reduzieren die auf der Baustelle lagernden Materialvorräte die Ist-Kosten zum Bewertungsstichtag. Wird Material auf die Baustelle geliefert und ist dafür noch keine Rechnung eingegangen, so ist eine Abgrenzung auf Basis der offenen Lieferscheine (Menge) und zugehörigen Bestellungen (Preis) durchzuführen, wenn das Material bereits eingebaut worden ist. Die Baustelle muss in diesem Fall mit den Kosten belastet werden.

2.2 Leistungsermittlung und Notwendigkeit der Leistungsbewertung

Leistungsermittlung versteht sich als die Ermittlung der Mengendaten entweder aus Mengenermittlungsdaten oder aus Planunterlagen. Demgegenüber beschreibt die Leistungsbewertung die monetäre Bewertung der Leistungsdaten.

Aus Leistungsermittlung und Leistungsbewertung ergibt sich die Bauleistung – auch Leistungsstand genannt. Die Bauleistung kennzeichnet den Wert eines im Herstellungsprozess befindlichen Wirtschaftgutes. Demnach beinhaltet die Bauleistung neben den schlussgerechneten Bauprojekten bewertet in den Umsatzerlösen auch die Veränderung der Bestände der unfertigen Bauprojekte, also die im Bau befindliche teilfertige Bauleistung.

Ebenso sind in der Bauleistung Vorfertigungen z. B. von Aufzügen zu berücksichtigen.

Für den Bauleiter bedeutet dies, dass er die geleisteten Mengen aktuell ermitteln muss und gleichzeitig überprüft, ob die ausgeführten Leistungen mit den geplanten und mit den vertraglich vereinbarten Leistungen identisch sind oder ob für Leistungsänderungen Nachträge gestellt und verhandelt werden sollten. Dies gilt unabhängig davon, ob es sich um einen Pauschalvertrag oder um einen Abrechnungsvertrag handelt.

Es sei nochmals darauf hingewiesen, dass die Leistungsermittlung und -bewertung der Eigenleistung zum Stichtag eine sehr schwierige Aufgabe ist. Während bei Fremdleistungen im Wesentlichen darauf zu achten ist, dass die Verträge von Nachunternehmern synchron mit den eigenen AG-Verträgen laufen und damit negative Mengen- oder Leistungsabweichungen so gut wie ausgeschlossen werden können, sieht dies bei der Eigenleistung ganz anders aus.

Sind die von der Bauleitung ermittelten Mengen zuverlässig? Wurde auch nichts vergessen? Wie wurden die Mengen ermittelt? Sind Rechnungsmengen ausreichend für die Leistungsermittlung? Werden diese Mengen auch vergütet, d. h. gibt es Unterschiede zwischen ausgeführten und abgerechneten Mengen?

Zu bedenken ist auch, dass die Bauleistung zum Stichtag auch in die Bewertung der unfertigen Baustellen im Rahmen des Monats- und Jahresabschlusses einfließt. Es stellt sich also die Frage, wie eine sachgerechte Bewertung der Bauleistung im Bauunternehmen zu realisieren ist.

Die Frage der sachgerechten Ermittlung und Bewertung der realisierten Bauleistung ist deswegen von besonderem Interesse, weil bei teilfertigen Bauprojekten das Ergebnis zum Stichtag maßgeblich durch die Leistungsbewertung bestimmt wird. Ohne eine wirklichkeitsgetreue und sachgerechte Leistungsermittlung und -bewertung wird das Ist-Ergebnis der Baustelle verzerrt dargestellt. So kann folglich keine qualitative Aussage über den aktuellen Erfolg oder Misserfolg einer Baustelle abgeleitet werden. Hierunter leidet die Qualität von Vergleichsrechnungen und Abweichungsanalysen und erst recht ist eine Prognose auf Basis nicht exakter Ist-Daten zum Bauende nur schwerlich möglich.

In der Praxis zeigt sich, dass die der Leistungsermittlung zugrunde gelegten Mengen das schwächste Glied im ganzen Bauprojekt-Management-System sind. Die Schwierigkeit ist also nicht nur ein gutes Bauprojekt-Management-System, sondern auch ein praxisgerechtes Mengenermittlungssystem zu finden, mit welchem Bauleiter systematisch und zuverlässig ihre Mengen und damit ihre Leistung planen und berichten können.

2.3 Klassische versus modifizierte Methode der Leistungsbewertung

Ist die Leistung der Menge nach ermittelt, geht es als nächstes um die monetäre Bewertung (Leistungsbewertung). Als Bewertungsmaßstab der Bauleistung zum Stichtag kommen dabei zwei Methoden der Bewertung zur Anwendung[17]:

Die so genannte klassische Methode der Leistungsbewertung nutzt als Bewertungsmaßstab die vereinbarten Einheits- bzw. Pauschalpreise der Angebots- bzw. der Vertragskalkulation (vgl. Abb. 27).

Bauleistung = geleistete Menge x Einheitspreis [EP]

Leistungsverzeichnis:		
Menge gemäß Leistungsverzeichnis:	900 m³	
Positionspreis im Angebot:	900 m³ x 7,55 €/m³ [EP] =	6.795,00 €
Menge gemäß Aufmaß:	450 m³	
Bewertete Leistung per Stichtag:	450 m³ x 7,55 €/m³ [EP] =	3.397,50 €

Abb. 27: Klassische Methode der Leistungsbewertung

Die so genannte modifizierte Methode der Leistungsbewertung hat als Bewertungsgrundlage die Herstellkosten der Arbeitskalkulation zzgl. eines einheitlichen Zuschlagsatzes (Deckungsbeitrag) zur Berücksichtigung der anteiligen Allgemeinen Geschäftskosten (AGK) und W+G-Zuschläge (vgl. Abb. 28).

17 Vgl. Oepen, Ralf-Peter; Reck, Andrea: Ermittlung und Bewertung der Bauleistungen – Teil A und B in Baumarkt + Bauwirtschaft (2006), Nr. 10, S. 30-35, und (2006), Nr. 11, S. 37-39.

Bauleistung = Summe Soll-Herstellkosten * (1 + Deckungsbeitrag in %)

	geleistete Mengen x	Einzelkosten der LV-Positionen bzw. Unterpositionen
+	geleistete Mengen x	Einzelkosten der internen Positionen im Bereich der Baustellengemeinkosten
=	Soll-Herstellkosten zum Stichtag (Zwischensumme)	
*	**1 + Deckungsbeitrag (DB) in %**	$DB = \frac{\text{Auftragssumme ./. Herstellkosten der Arbeitskalkulation}}{\text{Herstellkosten der Arbeitskalkulation}} \times 100$
=	**Bauleistung** zum Stichtag	

Abb. 28: Modifizierte Methode der Leistungsbewertung

Nach wie vor wird in der Vielzahl der Bauunternehmen die Bauleistung zum Stichtag über die klassische Methode der Leistungsbewertung ermittelt. Diese findet in der Regel immer dann Anwendung, wenn für den jeweiligen Auftrag keine Arbeitskalkulation vorliegt. Sie führt aber regelmäßig zu Ergebnisverzerrungen, insbesondere wenn mit der Endsummenkalkulation, also von LV-Positionen zu LV-Positionen, mit sehr stark differierenden Zuschlagssätzen gearbeitet wird, wenn spekuliert wird oder wenn politische Preise gestellt werden. In diesen Fällen ist der vertragliche Einheitspreis schlecht geeignet für die Leistungsbewertung.

Um den Problempunkten der klassischen Methode entgegenzuwirken, empfiehlt sich die Anwendung der modifizierten Methode der Leistungsbewertung, nach der die Bewertung der Bauleistung zum Stichtag auf der Basis der Herstellkosten zum Stichtag unter Hinzurechnung des projektspezifischen Deckungsbeitrages erfolgt.

Wesentliche Voraussetzung für die Anwendung der modifizierten Methode der Leistungsbewertung stellt zunächst das Vorhandensein einer dem Baufortschritt angepassten Arbeitskalkulation dar – bei zweigliedriger Auswertung genauer gesagt das Vorhandensein der Arbeitskalkulation-Leistungsvorgabe. Die Bewertung der ermittelten Bauleistung erfolgt dann aus der Ermittlung der Soll-Herstellkosten zum Stichtag. Diese ergeben sich aus der Multiplikation der bis zum Stichtag geleisteten Mengen für Leistungspositionen und Unterpositionen (z. B. Vorfertigung von Schalungen, Aufbau von Gerüsten) sowie internen Positionen im Bereich der Baustellengemeinkosten (z. B. Baustelleneinrichtung, anteilige Bauleitung) mit den entsprechenden Einzelkosten-Ansätzen. Hinzuzurechnen ist ein über das gesamte Projekt gemittelter Deckungsbeitrag, der sich als Differenz aus den Soll-Herstellkosten und der Angebots-/Vertragssumme ermittelt (vgl. Abb. 29).

Wichtig ist hierbei, dass alle Kostenbestandteile separat dargestellt werden. Dies bedeutet, dass:

- einzelne Positionen in die jeweiligen Ausführungsbestandteile (Positionsteile) unterteilt,
- leistungs- und zeitabhängige Kosten getrennt ermittelt und
- voraussichtliche Ausführungsmengen (VA-Menge) eingearbeitet werden müssen.

	Klassische versus modifizierte Methode der Leistungsbewertung	
	Klassische Methode der Leistungsbewertung	**Modifizierte Methode der Leistungsbewertung**
Grundsatz	Realisierung einer an der Bauabrechnung orientierten Form der Leistungsbewertung	Realisierung einer an der Kostenentstehung und -verursachung orientierten Form der Leistungsbewertung
Definition	Leistung = auf Einheitspreis basierende Bewertung	Leistung = auf Kosten basierende Bewertung unter Berücksichtigung des mittleren Deckungsbeitrags
Bewertungsregel	Leistung = geleistete Mengen * Einheitspreise (./. eventuelle Nachlässe), unter Berücksichtigung von Teilleistungen	Leistung = geleistete Mengen * Soll-Herstellkosten * (1 + mittlerer Deckungsbeitrag)
Datenquelle	Vertragskalkulation Einheitspreise/Pauschalpreise	Arbeitskalkulation (-Leistungsvorgabe) Herstellkosten (Soll)
Vorteile	– Durch die Parallelität zur Bauabrechnung ist eine relativ einfache Ermittlung der Bauleistung zum Stichtag zu realisieren. – Leicht verständliches Verfahren	– Das Bauprojektergebnis unterliegt einer gleichmäßigeren Bewertung und Ergebnisentwicklung gegenüber der klassischen Methode. – Die Leistungsermittlung wird von den Mängeln der preisorientierten Leistungsdefinition freigehalten. – Das Bauprojekt-Management erfährt ein verstärktes Kostenbewusstsein. – Teilfertige Leistungen sind auf Grund der Kostenansätze in den Unterpositionen genauer zu bestimmen, d. h. die Leistungsentstehung und deren betriebliche Erfassung entspricht genauer der Kostenverursachung. – Baustellengemeinkosten und Baustelleneinrichtung werden wie Einzelkosten der Teilleistung behandelt, wodurch ihre Ermittlung exakter an den Zeitpunkt der Entstehung angelehnt werden kann: Kosten und Leistungen bauen dadurch auf dem gleichen Mengengerüst auf, wodurch die Aussagefähigkeit des Ergebnisses zum Stichtag genauer und aussagefähiger wird. – Frühzeitige Information über das voraussichtliche Projektergebnis möglich.
Nachteile	– Problematische Ermittlung der Bauleistung bei „teilfertigen" Positionen und Pauschalverträgen – BGK und Baustelleneinrichtung werden aufgrund der Umlageproblematik fälschlicherweise leistungsabhängig bewertet – Es treten Abweichungen zwischen Leistungserstellung und Leistungsbewertung auf, die zu künstlichen Über- und Unterdeckungen führen – Ermittelte Bauleistung ist abhängig von den erhaltenen Umlagebeträgen (für BGK, AGK und W+G), d. h. sie steigt bei hohen Umlagebeträgen und sinkt bei niedrigen Umlagebeträgen, d. h. Abhängigkeit • von den prozentualen Vorabumlagen • von der Methodik der Preisbildung • von Spekulationen • von „politischen" Preisen – Extreme Ergebnissprünge möglich.	– In der Baupraxis noch nicht vollständig akzeptierte Form der Leistungsbewertung – Aufwand für die Pflege der Arbeitskalkulation – Baubetriebliches Wissen notwendig

Abb. 29: Vor- und Nachteile der unterschiedlichen Methoden der Leistungsbewertung

	Eingliedrige versus zweigliedrige Auswertung der Arbeitskalkulation	
	Modifizierte Methode der Leistungsbewertung – bei eingliedriger Fortschreibung der Arbeitskalkulation –	**Modifizierte Methode der Leistungsbewertung – bei zweigliedriger Fortschreibung der Arbeitskalkulation –**
Grundsatz	Keine Trennung vertriebsseitig und projektleitungsseitig zu vertretenden Kostenänderungen nach Auftragserteilung. Es existiert nur eine Arbeitskalkulation, welche Grundlage der Leistungsbewertung ist.	Trennung von vertriebsseitiger und projektleitungsseitiger zu vertretenden Kostenänderungen nach Auftragserteilung. Es wird eine Arbeitskalkulation-Leistungsvorgabesicht und eine Arbeitskalkulation-Prognosesicht geführt. **Die Arbeitskalkulation-Leistungsvorgabesicht (PK) bildet die Grundlage der Leistungsbewertung.**
Bewertungsregel	Leistung = Summe geleistete Mengen * HK * (1 + mittlerer Deckungsbeitrag) HK = jeweils aktuelle voraussichtliche Herstellkosten zum Projektende, diese setzen sich aus Soll- und Ist-Kosten zusammen	Leistung = Summe geleistete Mengen * Soll-HK * (1 + mittlerer Deckungsbeitrag) HK = ursprüngliche Herstellkosten zum Projektende (nur Soll-Kosten, keine Einarbeitung von Ist-Kosten), aber aktualisiert in Höhe (genehmigter) Nachträge
Datenquelle	Fortgeschriebene Arbeitskalkulation	Fortgeschriebene Arbeitskalkulation = Leistungsvorgabesicht (AKi) Zusätzlich sollte ermöglicht werden, auch die Vertragskalkulation VK(i) und die Prognosekalkulation PK(i) als Datenquelle zu wählen.
Definition der HK	Herstellkosten ergeben sich auf der Basis der Arbeitskalkulation und verändern sich – sowohl beim Eintreten auftraggeberseitig zu vertretender Sachverhalten (Einpflege genehmigter und nicht genehmigter Nachträge) – als auch bei auftragnehmerseitig zu vertretenden Sachverhalten. Alle Veränderungen der Herstellkosten werden in die Arbeitskalkulation laufend eingepflegt.	Herstellkosten ergeben sich auf der Basis der Arbeitskalkulation-Leistungsvorgabe und verändern sich – beim Eintreten auftraggeberseitig zu vertretender Sachverhalte (i. d. R. Einpflege nur genehmigter Nachträge). – beim Eintreten nicht von der Projektleitung zu vertretender auftragnehmerseitig zu vertretender Abweichungen (i. d. R. Einpflegen von NU-Vergaben und Materialpreise). Nur auftraggeberseitig und vertriebsseitig zu vertretende Veränderungen werden in die fortgeschriebene Arbeitskalkulation-Leistungsvorgabe eingepflegt
Dabei Behandlung von EKT und BGK	– Einarbeitung aller voraussichtlichen und tatsächlichen Herstellkosten für • Nachunternehmerleistungen • Materialeinkauf • Leistungs- und Aufwandswerte • Geräteeinsatz • Löhne / Mittellöhne • gestellte und erwartete Nachträge von Nachunternehmern • sonstige Kosten – Aktualisierung der VA-Mengen	– Einarbeitung von auftraggeberseitig zu vertretenden Herstellkosten (genehmigte Nachträge) – Anpassung an Ausführungsänderungen nur in der Kostenartenstruktur (Verschiebung zwischen Vergabeeinheiten) – Aktualisierung der auftraggeberseitig zu vertretenden Mengenmehrungen und Mengenminderungen (VA-Mengen) – Aktualisierung von NU-Vorgaben und Materialpreise, insofern sie nicht von der Projektleitung zu verantworten sind.
Nachträge / Nachtragspotenziale **Grundprinzip: I. d. R. sollen nur genehmigte Nachträge bewertet werden**	– genehmigt und geleistet (im Sinne von ausgeführt) analog zu LV-Position – nicht genehmigt und nicht geleistet • Kosten=0, Erlöse=0, DB=konstant oder • Kosten voll, Erlöse=0, DB sinkt – nicht genehmigt und geleistet • Kosten und „gesicherte" Erlöse anteilig zur Leistung, DB sinkt anteilig oder • Kosten voll, Erlöse=0, DB sinkt – genehmigt und nicht geleistet analog zu LV-Position	– genehmigt und geleistet (im Sinne von ausgeführt) analog zur LV-Position – nicht genehmigt und nicht geleistet, Kosten=0, Erlöse=0, DB=konstant – nicht genehmigt und geleistet, Kosten=0, Erlöse=0, DB=konstant – genehmigt und nicht geleistet analog zur LV-Position
Vorteile	– Gegenüber der zweigliedrigen Fortschreibung einfache Handhabung. – Geringere Anforderung an die Informationstechnologie und an das baubetriebswirtschaftliche Know-How des Anwenders. – Höherer Glättungsgrad des ausgewiesenen Ergebnisses zum Stichtag.	– Die bewertete Bauleistung unfertiger Bauleistungen bleibt bei nicht auftraggeberseitig zu vertretenden Kostenabweichungen stabil, da die Herstellkosten und der Deckungsbeitrag in diesem Fall konstant bleiben.
Nachteile	– Die bewertete Bauleistung unfertiger Bauprojekte verändert sich bei auftragnehmerseitig zu vertretenden Kostenveränderungen, d. h. sie steigt bei Mehrkosten und sinkt bei Minderkosten.	– Gegenüber der eingliedrigen Fortschreibung komplizierte Handhabung, da zwischen der Fortschreibung der Arbeits- und Prognosekalkulation unterschieden werden muss. – Höhere Anforderungen an Informationstechnologie und an baubetriebswirtschafliches Know-how des Anwenders.

Abb. 30: Modifizierte Leistungsbewertung für eingliedrige und zweigliedrige Arbeitskalkulation

Die Leistungsbewertung nach der modifizierten Methode vereinfacht die Bewertung im Fall der Umlagepositionen ohne Erlösanteil (z. B. Baustelleneinrichtung, Vorhaltung und Räumung) bei gleichzeitig besseren Ergebnissen.

Die Gegenüberstellung zeigt, dass die modifizierte Methode der Leistungsbewertung bevorzugt werden sollte, da sie einen wesentlich genaueren Bewertungsmaßstab unfertiger Baustellen liefert.

Ein- und zweigliedrige Auswertungen der Arbeitskalkulation haben auch Auswirkungen auf die Ermittlung der Bauleistung bei Anwendung der modifizierten Methode der Leistungsbewertung. In Abb. 30 werden die Unterscheidungsmerkmale der modifizierten Methode der Leistungsbewertung bei eingliedriger und zweigliedriger Auswertung der Arbeitskalkulation gegenübergestellt.

Bei eingliedriger Auswertung der Arbeitskalkulation würde die modifizierte Leistungsbewertung dann auf diese eine Arbeitskalkulation und Datenquelle aufgesetzt werden. Bei zweigliedriger Fortschreibung der Arbeitskalkulation würde dann die modifizierte Leistungsbewertung auf die Arbeitskalkulation-Leistungsvorgabesicht AK(i) als Datenquelle aufsetzen. Optional wäre es möglich, die modifizierte Methode der Leistungsbewertung auch parallel auf die Arbeitskalkulation-Prognosesicht PK(i) aufzusetzen.

Eine entsprechende Flexibilität der Bausoftware vorausgesetzt, kann die Leistungsbewertung bei beiden Methoden auch auf die Vertragskalkulation aufgesetzt werden. So entsteht eine hohe Transparenz, wie die Bauleistung und die daraus abzuleitenden Soll-Kosten bewertet werden.

2.4 Beispiel: Methodenvergleich

Um die Auswirkungen der zuvor aufgezeigten Methoden der Leistungsbewertung auf die Ermittlung der Bauleistung darzustellen, soll folgendes vereinfachtes Arbeitsbeispiel dienen. In diesem ist ein einfaches Bauprojekt dargestellt, welches aus drei Positionen besteht, wobei die Position 3 eine interne Position im Bereich der Baustellengemeinkosten ist. Werden bei der modifizierten Methode der Leistungsbewertung sowohl LV-Positionen (hier Position 1 und 2) als auch interne Positionen (hier Position der Baustellengemeinkosten [BGK] bzw. Umlage-Position) separat bewertet, werden bei der klassischen Methode der Leistungsbewertung die Kosten der BGK-Position auf die LV-Positionen umgelegt und fließen direkt in die Einheitspreise ein (vgl. Zeile 6). Das Projekt weist zunächst Herstellkosten von 450, einen Deckungsbeitrag von 50 und eine Planauftragssumme von 500 Geldeinheiten (GE) aus. Der Deckungsbeitrag wird zu 80 Prozent auf die Position 1 und zu 20 Prozent auf die Position 2 umgelegt.

Dieses Projekt soll nunmehr in Hinblick auf die unterschiedlichen Methoden der Leistungsbewertung näher betrachtet werden (siehe Abb. 31). Hierbei wird zunächst ein Vergabegewinn in Höhe von 100 GE in der Position 1 simuliert, wodurch die Herstellkosten zum Bauprojektende auf 350 GE sinken (vgl. Zeile 10). Simuliert werden Fertigstellungsgrade zwischen 0 und 100 Prozent in der Position 1 (vgl. Zeile 9). Man erkennt, dass bei einem Fertigstellungsgrad von 80 Prozent der Position 1 die bewertete Bauleistung zwischen 343 GE bei klassischer Methode der Leistungsbewertung (vgl. Zeile 15), 293 GE bei modifizierter Methode der Leistungsbewertung und eingliedriger Arbeitskalkulation (vgl. Zeile 23) und 317 GE bei zweigliedriger Arbeitskalkulation schwankt (vgl. Zeile 30).

1	**Planung**	**Pos.1**	**Pos. 2**	**BGK-Pos.**	**Summe**	
2	Plan-HK (zum Bauende)	200,00	150,00	100,00	450,00	
3	Plan-DB = 10 %; davon AGK = 8 % und 2 % W+G				50,00	AGK 40,00 Ergebnis 10,00
4	Plan-DB auf HK [100*10/(100-10)]				11,11%	
5	Plan-Auftragssumme	222,22	166,67	111,11	500,00	
6	Zuschlagsverteilung in % der BGK zur EP-Bildung	70 % = 70,00	30 % = 30,00		100 % = 100,00	
7	Zuschlagsverteilung in % des DB zur EP-Bildung	80 % = 40,00	20 % = 10,00		100 % = 50,00	
8	**Ausführung**					
9	Fertigstellungsgrad	80 %	50 %	50 %		*DB 150,00*
10	Wird-HK (zum Bauende)	100,00	150,00	100,00	350,00	*AGK 40,00*
11	Wird-Auftragssumme	222,22	166,67	111,11	500,00	*Ergebnis 110,00*
12	**Klassische Methode der Leistungsbewertung**					
13	**Bewertung über Menge * EP**					
14	EP =(2)+(6)+(7)	310,00	190,00		500,00	
15	**Bauleistung** =(9)*(14)	248,00	95,00		**343,00**	
16	**Modifizierte Methode der Leistungsbewertung**					
17	**bei eingliedriger Fortschreibung**					
18	Datenbasis: Arbeitskalkulation					
19	Soll-HK (zum Bauende) =(10)	100,00	150,00	100,00	350,00	
20	Soll-DB =(11)-(10)	122,22	16,67	11,11	150,00	42,86 in % der HK
21	Soll-HK (zum Stichtag) =(9)*(19)	80,00	75,00	50,00	205,00	
22	DB-Faktor =((19)+(20))/(19)				1,43	
23	**Bauleistung**				**292,86**	
24	**bei zweigliedriger Fortschreibung**					
25	Datenbasis: Fortgeschriebene Aufragskalkulation					
26	Soll-HK =(2)	200,00	150,00	100,00	450,00	
27	Soll-DB =(2)*(4)	22,22	16,67	11,11	50,00	11,11 in % der HK
28	Soll-HK (zum Stichtag) =(9)*(26)	160,00	75,00	50,00	285,00	
29	DB-Faktor =((26)+(27))/(26)				1,11	
30	**Bauleistung**				**316,67**	

Abb. 31: Gewinnbaustelle – Methode der Leistungsbewertung bei fortlaufendem Fertigstellungsgrad

Abb. 32 zeigt die unterschiedlichen Leistungsstände je nach verwendeter Methode der Leistungsbewertung bei fortlaufendem Fertigstellungsgrad. Deutlich wird, dass die Bauleistung nur bei einem Fertigstellungsgrad von 100 Prozent bei allen aufgezeigten Methoden identisch ist.

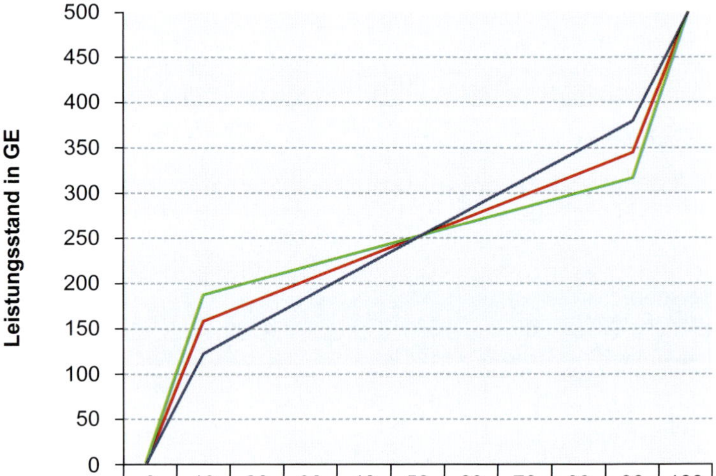

	0	10	20	30	40	50	60	70	80	90	100
klassisch	0	126	157	188	219	250	281	312	343	374	500
eingliedrige Fortschreibung	0	193	207	221	236	250	264	279	293	307	500
zweigliedrige Fortschreibung	0	161	183	206	228	250	272	294	317	339	500

Fertigstellungsgrad in %

Abb. 32: Leistungsstände Gewinnbaustelle bei fortlaufendem Fertigstellungsgrad

Anschließend soll ein Vergabeverlust simuliert werden (vgl. Abb. 33). Hierbei erhöhen sich die Herstellkosten in der Position 1 auf 300 GE, wodurch die Herstellkosten zum Bauprojektende auf 550 GE steigen (vgl. Zeile 10). Auch hier werden Fertigstellungsgrade zwischen 0 und 100 Prozent in der Position 1 (vgl. Zeile 9) simuliert. Man erkennt, dass bei einem Fertigstellungsgrad von 80 Prozent der Position 1 die bewertete Bauleistung zwischen 343 GE bei der klassischen Methode der Leistungsbewertung (vgl. Zeile 15), 332 GE bei der modifizierten Methode der Leistungsbewertung und bei der eingliedrigen Arbeitskalkulation (vgl. Zeile 23) und 317 GE bei der zweigliedrigen Arbeitskalkulation schwankt (vgl. Zeile 30).

1	**Planung**	**Pos.1**	**Pos. 2**	**BGK-Pos.**	**Summe**	
2	Plan-HK (zum Bauende)	200,00	150,00	100,00	450,00	
3	Plan-DB = 10 %; davon AGK = 8 % und 2 % W+G				50,00	AGK 40,00 Ergebnis 10,00
4	Plan-DB auf HK [100*10/(100-10)]				11,11%	
5	Plan-Auftragssumme	222,22	166,67	111,11	500,00	
6	Zuschlagsverteilung in % der BGK zur EP-Bildung	70 % = 70,00	30 % = 30,00		100 % = 100,00	
7	Zuschlagsverteilung in % des DB zur EP-Bildung	80 % = 40,00	20 % = 10,00		100 % = 50,00	
8	**Ausführung**					
9	Fertigstellungsgrad	80 %	50 %	50 %		*DB -50,00*
10	Wird-HK (zum Bauende)	300,00	150,00	100,00	550,00	*AGK 40,00*
11	Wird-Auftragssumme	222,22	166,67	111,11	500,00	*Ergebnis -90,00*
12	**Klassische Methode der Leistungsbewertung**					
13	**Bewertung über Menge * EP**					
14	EP =(2)+(6)+(7)	310,00	190,00		500,00	
15	**Bauleistung** =(9)*(14)	248,00	95,00		**343,00**	
16	**Modifizierte Methode der Leistungsbewertung**					
17	**bei eingliedriger Fortschreibung**					
18	Datenbasis: Arbeitskalkulation					
19	Soll-HK (zum Bauende) =(10)	300,00	150,00	100,00	550,00	
20	Soll-DB =(11)-(10)	-77,78	16,67	11,11	-50,00	-9,09 in % der HK
21	Soll-HK (zum Stichtag) =(9)*(19)	240,00	75,00	50,00	365,00	
22	DB-Faktor =((19)+(20))/(19)				0,91	
23	**Bauleistung**				**331,82**	
24	**bei zweigliedriger Fortschreibung**					
25	Datenbasis: Fortgeschriebene Aufragskalkulation					
26	Soll-HK =(2)	200,00	150,00	100,00	450,00	
27	Soll-DB =(2)*(4)	22,22	16,67	11,11	50,00	11,11 in % der HK
28	Soll-HK (zum Stichtag) =(9)*(26)	160,00	75,00	50,00	285,00	
29	DB-Faktor =((26)+(27))/(26)				1,11	
30	**Bauleistung**				**316,67**	

Abb. 33: Verlustbaustelle – Methode der Leistungsbewertung bei fortlaufendem Fertigstellungsgrad

Abb. 34 zeigt die unterschiedlichen Leistungsstände je nach verwendeter Methode der Leistungsbewertung bei fortlaufendem Fertigstellungsgrad.

Die beiden Beispiele verdeutlichen, dass die Methoden der Leistungsbewertung starke Auswirkungen auf die ermittelte und bewertete Bauleistung unfertiger Baustellen zum Bewertungsstichtag haben.

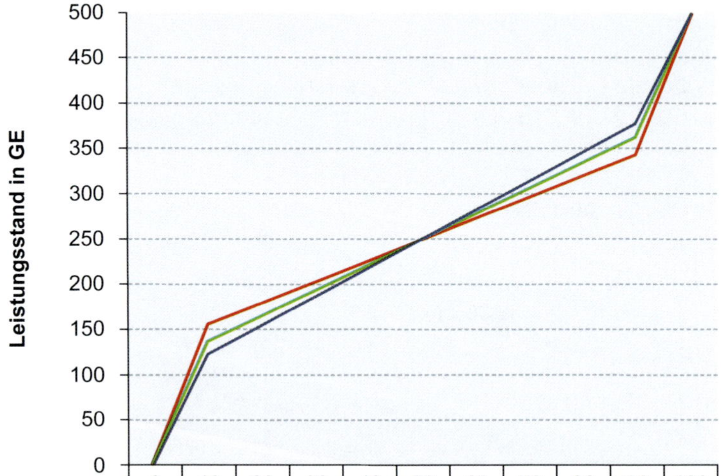

	0	10	20	30	40	50	60	70	80	90	100
klassisch	0	126	157	188	219	250	281	312	343	374	500
eingliedrige Fortschreibung	0	141	168	195	223	250	277	305	332	359	500
zweigliedrige Fortschreibung	0	161	183	206	228	250	272	294	317	339	500

Fertigstellungsgrad in %

Abb. 34: Leistungsstände Verlustbaustelle bei fortlaufendem Fertigstellungsgrad

Die Entscheidung, welche Methode der Leistungsbewertung im Bauunternehmen Anwendung finden soll, ist unternehmensintern zu treffen. Aus Transparenzerwägungen des Bauprojekt-Management-Systems empfiehlt sich die modifizierte Leistungsbewertung auf der Basis der zweigliedrigen Arbeitskalkulation. Bei der Entscheidung für oder gegen die eine oder andere Methode ist zu bedenken, dass die Leistungsbewertung neben den Ist-Kosten zum Stichtag in die kurzfristige Ergebnisrechnung der einzelnen Baustellen sowie des Gesamtunternehmens einfließt und damit maßgeblich das ausgewiesene Stichtagsergebnis beeinflusst.

Liegt dies im internen Rechnungswesen einer Bauunternehmung noch im Ermessen der Unternehmensführung (auf unterschiedliche Zielstellungen ist hier hinzuweisen; intern: realistische Aussage zu Ergebnis, extern: Niederstwertprinzip), so ist zu beachten, dass im externen Rechnungswesen die jeweils gültigen Regelwerke eingehalten werden müssen. Dies gilt insbesondere auch für die Bilanzierung unfertiger Baustellen, deren exakte Ermittlung gerade auch bei Banken-internen Bilanzanalysen im Rahmen des Kredit-Ratings nach Basel II wichtig ist.

3 Nachträge

Es ist eher die Ausnahme als die Regel, dass Bauvorhaben wie ursprünglich geplant ausgeführt werden. An der Tagesordnung sind vielmehr Leistungsänderungen, Zusatzleistungen oder Störungen im Bauablauf.

Grundsätzlich können einmal geschlossene Verträge nicht nachträglich von einer Vertragspartei einseitig geändert werden. Besonderheit bei einem Vertrag nach Vergabe- und Vertragsordnung für Bauleistungen (VOB) ist aber, dass der Auftraggeber ein einseitiges Anordnungsrecht hat. Der Auftraggeber darf also nach Vertragsschluss Änderungen der vereinbarten Leistung einseitig vornehmen. Geregelt ist dies in § 1 Nr. 3 und Nr. 4 der Allgemeinen Vertragsbedingungen für die Ausführung von Bauleistungen (VOB/B) (vgl. Abb. 35). Diese Anordnung muss nicht ausdrücklich erteilt werden, sie kann auch stillschweigend erfolgen, z. B. durch die Übergabe eines geänderten Plans. Dem einseitigen Leistungsänderungsrecht des Auftraggebers steht aber ein entsprechender Vergütungsanspruch des Auftragnehmers gegenüber – hinlänglich als Nachtrag bezeichnet. Die Anspruchsgründe sind in § 12 ff. VOB/B aufgeführt.

Die Gründe für Nachträge sind vielfältig. Sie können in Mengenänderungen liegen, aus geänderten Leistungen, die zu Kostenabweichungen führen oder bisher nicht beauftragten Leistungen resultieren oder durch Störungen des Bauablaufs, die zu Behinderungen führen, hervorgerufen werden – um nur einige praxisrelevante Ursachen zu nennen.

Das Erkennen einer Anspruchsgrundlage reicht zur Vergütung des Nachtrags natürlich nicht aus. Der erste wichtige Schritt zur Durchsetzung der Vergütung ist die Ankündigung einer Mehrleistung und/oder die Ankündigung der Verlängerung der Ausführungszeit und damit einhergehend eines Mehrverfügungsanspruchs infolge einer – als Auftragnehmer – nicht selbst zu vertretenden Ursache.

Letztlich muss der Auftraggeber aber den Nachtrag als solchen auch anerkennen. Hier gibt es zwei Qualitäten: Zum einen kann der Auftraggeber den Nachtrag dem Grunde nach anerkennen. Damit ist immerhin zumindest erreicht, dass der Auftraggeber die auszuführenden Leistungen nicht als Vertragsleistungen ansieht. Also ist eine vorläufige qualitative Bewertung erreicht.

Viel entscheidender ist aber die quantitative Bewertung, also die Anerkennung des Nachtrags nicht nur dem Grunde, sondern auch der Höhe nach. Erst eine Vereinbarung eines Nachtrags dem Grunde und der Höhe nach – ermöglicht eine (relative) Sicherheit für die Planung und das Controlling und die Bewertung des Baustellenergebnisses (vgl. Abb. 36).

Anspruchsgrundlagen für Nachträge

Jeder Nachtrag bedarf einer Anspruchsgrundlage. Eine Anspruchsgrundlage für einen Nachtrag besteht aus Anspruchsvoraussetzungen und einer Rechtsfolge. Hierbei müssen Anspruchsgrund und Anspruchshöhe unterschieden werden.

Es müssen alle Anspruchsvoraussetzungen erfüllt sein, damit die gewünschte Rechtsfolge – nämlich die Durchsetzung des Nachtrags – eintritt.

Als Anspruchsgrundlagen für Nachträge kommen insbesondere Folgende in Betracht:

Vertragliche Anspruchsgrundlagen:

- Ansprüche aus Mengenänderungen
  (§ 2 Nr. 3 VOB/B)
- Ansprüche aus Übernahme von Leistungen durch den Auftraggeber
  (§ 2 Nr. 4 VOB/B)
- Ansprüche aus Änderungen des Bauentwurfs oder anderen Anordnungen
  (§ 1 Nr. 3, § 2 Nr. 5 VOB/B)
- Ansprüche aus im Vertrag nicht vorgesehenen Leistungen
  (§ 1 Nr. 4, § 2 Nr. 6 VOB/B)
- Ansprüche aus Pauschalverträgen
  (§ 2 Nr. 7 VOB/B)
- Ansprüche aus auftragslos oder unter eigenmächtiger Abweichung vom Vertrag ausgeführten Leistungen (§ 2 Nr. 8 VOB/B)
- Ansprüche aus vom Auftraggeber verlangten Zeichnungen, Berechnungen und anderen Unterlagen
  (§ 2 Nr. 9 VOB/B)
- Ansprüche aus unberechtigten oder unzweckmäßigen Anordnungen des Auftraggebers
  (§ 4 Nr. 1 Abs. 4 Satz 2 VOB/B)
- Ansprüche wegen länger dauernder Ausführungsunterbrechung
  (§ 6 Nr. 5 VOB/B)
- Ansprüche wegen höherer Gewalt oder unabwendbarer Ereignisse
  (§ 7 i. V. m. § 6 Nr. 5 VOB/B)
- Ansprüche aus Kündigung/Teilkündigung ohne besonderen Rechtsgrund
  (§ 8 Nr. 1 VOB/B)
- Ansprüche aus einvernehmlicher Vertragsanpassung anstelle von einseitigen Anordnungen, Forderungen oder Kündigungen/Teilkündigungen seitens des Auftraggebers
- Ansprüche aus Behinderung oder Unterbrechung der Ausführung
  (§ 6 Nr. 6 VOB/B)

Gesetzliche Anspruchsgrundlagen:

- Ansprüche aus Unterlassen einer Mitwirkungshandlung durch den Auftraggeber
  (§ 642 BGB)
- Ansprüche aus Geschäftsführung ohne Auftrag (§§ 677 ff. BGB i. V. m. § 2 Nr. 8 Abs. 3 VOB/B)
  – Berechtigte Geschäftsführung ohne Auftrag (§ 683 BGB)
  – Unberechtigte Geschäftsführung ohne Auftrag (§§ 684, 812 ff. BGB)
- Ansprüche aus ungerechtfertigter Bereicherung (§ 812 ff. BGB)
- Ansprüche aus Verletzung rechtsgeschäftsähnlicher Schuldverhältnisse – vorvertragliche Pflichtverletzungen – bis 31.12.2001 „Verschulden bei Vertragsverhandlungen" genannt – (§ 280 i. V. m. § 311 Abs. 2 Ziff. 1, § 241 Abs. 2 BGB)
- Ansprüche aus Pflichtverletzungen – bis 31.12.2001 „Positive Forderungsverletzung" genannt – (§§ 280, 241 Abs. 2 BGB)
- Ansprüche aus Vertragsanpassung wegen Störung der Geschäftsgrundlage
  (§ 313 BGB)

Abb. 35: Anspruchsgrundlagen für Nachträge

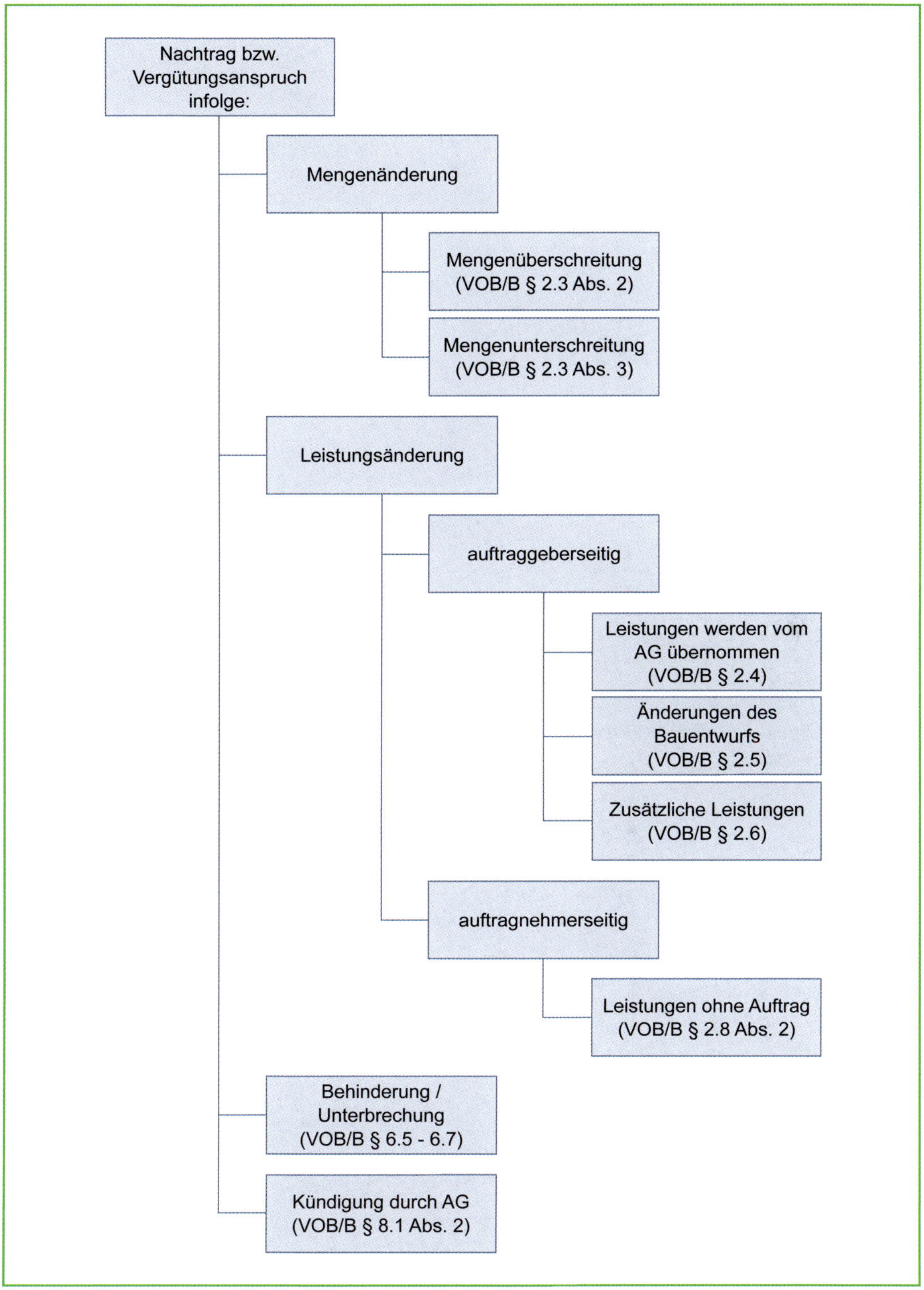

Abb. 36: Nachträge und daraus resultierende Vergütungsansprüche

3.1 Nachtragserkennung

Die Kernaufgabe des Bauprojekt-Managements im Zusammenhang mit der Nachtragsthematik ist es, erstens Nachträge bzw. Nachtragspotenziale zu erkennen und diese zweitens im Hinblick auf die Steuerungsaufgabe des Controllings adäquat zu behandeln. Dabei kommt der ersten Aufgabe – also der Erkennung von Nachträgen und Nachtragspotenzialen – schon ein hoher Stellenwert zu, da dies ohne einen baujuristischen Sachverstand und ohne detaillierte Kenntnisse über den dem Bauprojekt zugrunde liegenden Bauvertrag kaum möglich ist. Wie geschildert, stellen Nachträge geänderte Vergütungsansprüche des Auftragnehmers bei auftraggeberseitig zu vertretenden Bauvertragsabweichungen dar. Die Projektverantwortlichen erkennen solche Vertragsabweichungen nur dann, wenn sie sich intensiv mit dem im Bauvertrag dokumentierten Bau-Soll beschäftigt haben. Eine große Hilfe ist hierfür die periodische Feinplanung, in welcher die in der jeweils nächsten Periode auszuführenden Leistungen detailliert geplant werden. Fehlen für eine auszuführende Leistung die passenden Positionen, ist eine Nachtragssituation gegeben.

Aus Controlling-Gesichtspunkten unbedingt wichtig sind hierbei die Durchführung einer Beweissicherung und Dokumentation sowie insbesondere die schriftliche Ankündigung der Mehrkosten (Nachtrag) beim Auftraggeber. Diese Maßnahmen sind frühest möglich, also vor der Ausführung, durchzuführen.

In der Praxis empfiehlt es sich, unternehmensweit gültige Checklisten zu gebrauchen, die es den Projektverantwortlichen erlauben, Nachträge und Nachtragspotenziale frühzeitig zu identifizieren. Insbesondere bei Pauschalverträgen ist es mitunter problematisch zu erkennen, ob eine Veränderung des Bau-Solls vorliegt, z. B. durch eine geänderte (§ 2 Nr. 5 VOB/B) oder eine zusätzliche (§ 5 Nr. 6 VOB/B) Leistung, die einen geänderten Vergütungsanspruch des Auftragnehmers (Nachtrag) nach sich zieht oder nicht (vgl. Abb. 37).

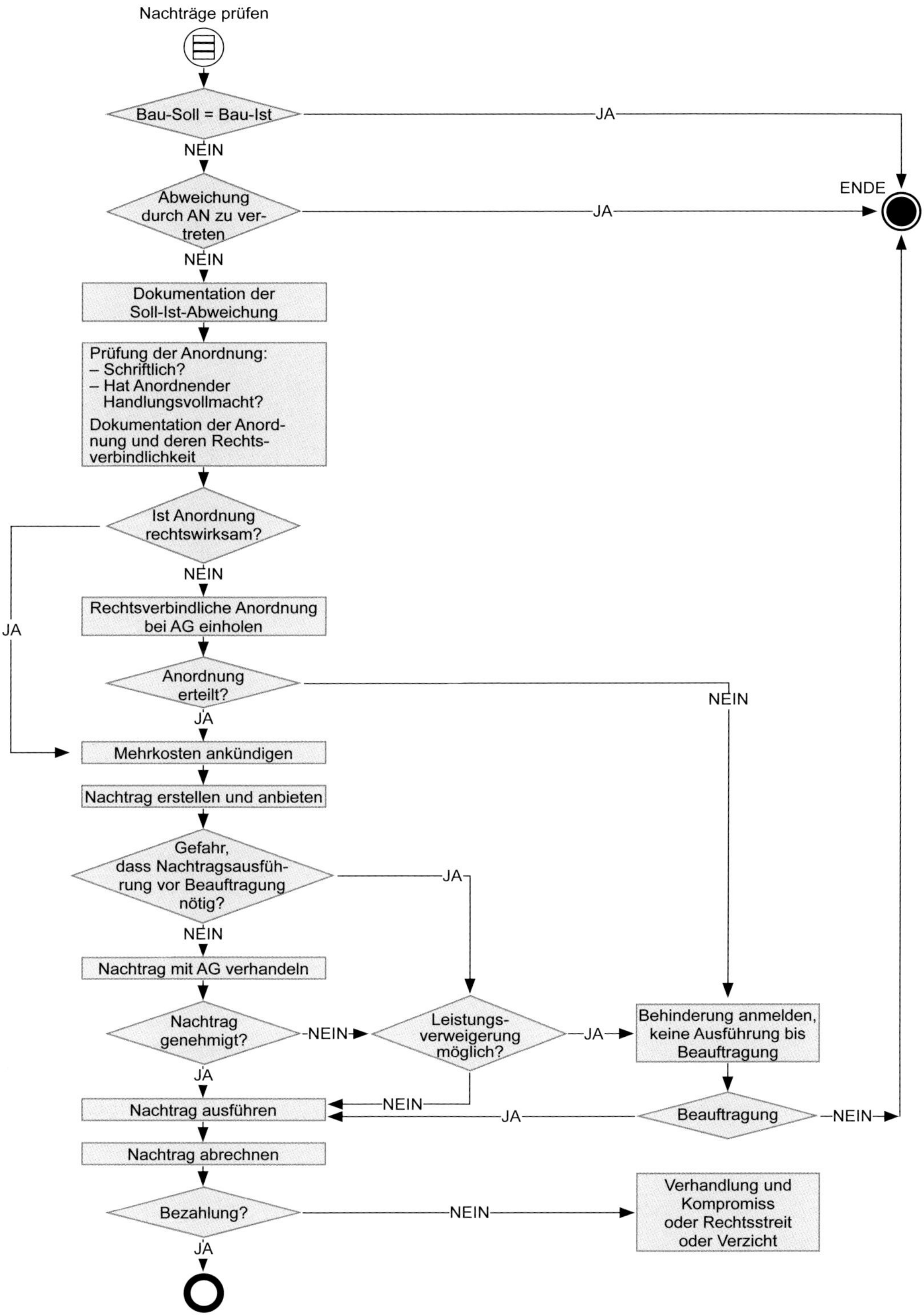

Abb. 37: Nachträge aus geänderter oder zusätzlicher Leistung, VOB/B § 2 Nr. 5 und 6

3.2 Nachtragsbewertung

Zwischen den beiden Stadien „erkannt“ und „genehmigt/abgelehnt“ eines Nachtrages bzw. eines Nachtragspotenzials sind aus Controlling-Gesichtspunkten mindestens zwei weitere Stadien zu unterscheiden, die nach Bedarf unternehmensindividuell weiter aufgegliedert werden können. Die saubere Trennung dieser Phasen und ihre Dokumentation ist aus Controlling-Gesichtspunkten aus zweierlei Gründen wichtig. Erstens kann sich der Zeitraum zwischen Erkennen und endgültiger Genehmigung bzw. Ablehnung eines Nachtrages sehr lang hinauszögern und zweitens können auch nicht bzw. noch nicht genehmigte Nachträge Kostenveränderungen auf Auftragnehmerseite nach sich ziehen, die im System des Bauprojekt-Managements frühzeitig – also bereits zum Zeitpunkt ihres Erkennens – berücksichtigt werden müssen.

	Status des Nachtrages	Angebots-kalkulation	Vertrags-kalkulation VK(i)	Arbeitskalku-lation AK(i) (Leistungs-vorgabe)	Prognose-kalkulation PK(i)	Feststellen der Leistung
Angebots-phase	erkannt	(x)			(x)	
	angekündigt	(x)			(x)	
	angeboten	x		x	x	x
Genehmigungsphase	sachlich anerkannt		(x)	x	x	x
	preislich genehmigt		x	x	x	x
	nicht genehmigt, aber auszuführen			x (falls von Projektleitung nicht zu verantworten)	x	
	nicht genehmigt, nicht auszuführen					
	zurückgezogen, nicht auszuführen					

Abb. 38: Zuordnungsmatrix für die Verwendung des Nachtragsstatus

- Stufe 1: Der Nachtrag wird erkannt und dem Auftraggeber angekündigt bzw. angeboten.
- Stufe 2: Der Nachtrag wird vom AG dem Grunde nach sachlich anerkannt, die wertmäßige Höhe wird jedoch noch geprüft bzw. bleibt noch offen.
- Stufe 3: Der Nachtrag wird dem Grunde und der Höhe nach (mit oder ohne weitere Preisverhandlungen) genehmigt und beauftragt.
- Stufe 4: Der Nachtrag wird vom Auftraggeber endgültig abgelehnt.

Die unterschiedlichen Phasen eines Nachtrages haben ganz unterschiedliche Auswirkungen auf die Kosten- und Erlösseite eines Bauprojektes. Während z. B. alle Nachtragsphasen Auswirkungen auf die Ist-Kostenseite eines Bauprojektes haben (zumindest für die Fälle, in denen eine auftragnehmerseitig zu erbringende „nachtragsrelevante“ Bauleistung ausgeführt wird), zieht nur der dem Grunde und der Höhe nach schriftlich genehmigte Nachtrag auch eine gesicherte Erlösveränderung zum Bauprojektende nach sich.

Um Nachträge in ihren verschiedenen Phasen aussagekräftig behandeln zu können, sollte unternehmensübergreifend vereinbart werden, welche Phase eines Nachtrages in der Nachtragskalkulation (Angebotskalkulation von Nachträgen), in der Vertragskalkulation, in der Arbeitskalkulation, in der Prognosekalkulation und in der Leistungsbewertung, sowohl auf der Kosten- wie auch auf der Erlösseite berücksichtigt werden darf. In der Software kann dies durch Status-Kennzeichen erfolgen (vgl. Abb. 38).

Für die Behandlung von Nachträgen und Nachtragspotenzialen gelten bestimmte Regeln. Grundsätzlich durchläuft ein Nachtrag die gleichen Phasen wie der Hauptauftrag. Die für den Hauptauftrag gültigen Regeln gelten auch für die Behandlung des Nachtrages.

- Alle Nachträge müssen grundsätzlich auf Basis der Urkalkulation erstellt werden.[18] Aus den Ausschreibungsunterlagen geht hervor, ob der Auftraggeber die Hinterlegung der Urkalkulation fordert. In der Regel verlangt vor allem der an die VOB/A gebundene öffentliche Auftraggeber zur Beweissicherung die Hinterlegung der Urkalkulation in seinen Vorbemerkungen.[19] Das bedeutet, dass die vereinbarten Vertragsbedingungen des Hauptauftrages auch für die entsprechenden Nachträge gelten. Demnach müssen die gleichen Zuschlagsfaktoren herangezogen werden, die auch bei der Preisbildung des ursprünglichen Bauauftrages gewählt wurden. Ebenfalls sind die vereinbarten Rabatte und Skonti zu beachten. Es ist deshalb bei der Nachtragsbearbeitung erforderlich, zunächst die Frage zu klären, ob und in welcher Höhe Rabatte und Skonti auch beim Nachtrag wie beim zugehörigen Auftrag zur Anwendung kommen sollen. Des Weiteren müssen bei Verwendung identischer Produktionsbestandteile die ursprünglichen Werte der Einzelkosten der Teilleistungen (EKT) eingesetzt werden. Alle anderen Kostenbestandteile werden entweder auf Nachweis kalkuliert oder verhandelt. Für Abweichungen von den Basisdaten des Hauptauftrages soll eine Begründung angegeben werden. Bei jedem Nachtragsangebot sind durch die Bauleitung Bewertungen der neu angebotenen Preise vorzunehmen, sofern diese nicht mit dem Hauptauftrag übereinstimmen. In diesen Fällen muss die Preisprüfung anhand aussagefähiger Kalkulationsnachweise des Auftragnehmers auf den Preisermittlungsgrundlagen des Hauptauftrages (z. B. Einheitliche Formblätter EFB nach Vergabehandbuch) vorgenommen werden. Gegebenenfalls kann die Öffnung der Urkalkulation verlangt werden. Die Nachtragskalkulation ist somit grundsätzlich immer ein „vorgeschalteter" Bestandteil der späteren Vertragskalkulation. Hier wird der „erkannte" Nachtrag erst einmal als Position/Titel mit inhaltlicher Leistungsbeschreibung erfasst, dann beim AG „angekündigt" und nach erfolgter Kalkulation mit Preisermittlung „angeboten".
- In die **Vertragskalkulation** werden ausschließlich die „genehmigten" (beauftragten) Nachträge überführt. Sie erhöhen somit mit ihren Erlösen die Auftragssumme und fließen hierüber in die Bauabrechnung und Rechnungsstellung ein. Sie sind also mit der Beauftragung durch den AG Vertragsbestandteil geworden. Ist ein Nachtrag zwar dem Grunde, aber noch nicht der Höhe nach genehmigt, ist unternehmensindividuell (aber im

18 Vgl. Schoofs, O. In: Leinemann, R (Hrsg.), VOB/B Kommentar, 3. Aufl., § 2, 6.2.1 S. 95 und Rn. 254, S. 136.

19 Vgl. z. B. VHB Bund, Ausgabe 2008, Teil 2, 212 Bewerbungsbedingungen, 4 Unterlagen zum Angebot.

Unternehmen einheitlich) zu entscheiden, wie dieser Nachtrag mit noch unbekanntem Erlösanteil in der Vertragskalkulation zu berücksichtigen ist.

- Die **Arbeitskalkulation** liefert als wesentlicher Bestandteil des Bauprojekt-Managements die Basis für die stichtagsbezogene Leistungsbewertung (Leistungsmeldung). Neben den genehmigten Nachträgen sollte sie auch die „angebotenen" und die „sachlich anerkannten" Nachträge beinhalten. Da in der Baupraxis die sachliche Genehmigung, die anschließende Beauftragung und die tatsächliche Ausführung angebotener Nachtragsleistungen zeitlich oft erheblich auseinanderklaffen, muss eine betriebswirtschaftliche Bewertung des Nachtrages in der Arbeitskalkulation und somit insbesondere auch in der hierauf aufsetzenden Leistungsbewertung möglich sein. Dies bedeutet, dass ein sachlich anerkannter Nachtrag, dessen genauer Erlösanteil noch nicht verhandelt ist, aus der Nachtragskalkulation mit seinen Kostenansätzen und dem errechneten Erlösanteil sowie der angesetzten Menge in die Arbeitskalkulation übernommen wird, dann aber mit einer getrennt für Erlöse und Kosten durchgeführten Bewertung berücksichtigt werden kann. Durch die Addition des bewerteten Nachtrages mit der bisherigen Auftragssumme ergibt sich eine neue, in der Regel erhöhte Soll-Auftragssumme mit korrespondierenden Soll-Herstellkosten und Soll-Ergebnis.

  Nach Beauftragung des Nachtrages (Status „genehmigt") muss dieser dann ggf. in der Arbeitskalkulation korrigiert werden.

- Streng genommen sollten Nachträge in der **Leistungsbewertung** eines Bauprojektes zum Stichtag nur dann aktiviert werden, wenn sie nach einem vorhergehenden schriftlichen Angebot vom Auftraggeber unter Berücksichtigung eventueller Korrekturen schriftlich beauftragt wurden. Bei der monatlichen Ergebnisermittlung eines Bauprojektes errechnet sich das Ergebnis dann aus der Differenz der ermittelten und bewerteten Bauleistung und den Ist-Kosten (inkl. Abgrenzungen) zu einem Stichtag.

  Wie bereits oben ausgeführt, ergeben sich in der alltäglichen Ausführungspraxis aber oft erhebliche Zeitdiskrepanzen zwischen Ausführung und Beauftragung.

  Sind für eine Nachtragsleistung bereits Kosten (Lohn, Material, Geräte oder auch Nachunternehmer) entstanden und ist die Nachtragsleistung zwar sachlich anerkannt, aber noch nicht die endgültige Preishöhe verhandelt bzw. beauftragt worden, würde bei einer Nichtberücksichtigung dieses Nachtrages in der Leistungsbewertung ein negatives Ergebnis ausgewiesen, weil keine Leistung für den Nachtrag aktiviert würde.

  Handelsrechtlich würde eine solche Vorgehensweise zwar dem strengen Niederstwertprinzip entsprechen, betriebswirtschaftlich macht es jedoch keinen Sinn, da das Projektergebnis unrealistisch schlecht dargestellt würde.

  Daher sollten für die Leistungsmeldung die gleichen Nachtragsstatuskennzeichen wie in der Arbeitskalkulation möglich sein, um z. B. auch noch nicht preislich beauftragte Nachträge in der Leistungsbewertung berücksichtigen zu können.

  Die Vorgehensweise bei der Berücksichtigung noch nicht genehmigter Nachträge in der Leistungsbewertung sollte auf alle Fälle für das gesamte Unternehmen einheitlich erfolgen. Dabei empfiehlt es sich, in der Leistungsbewertung nur solche noch nicht endgültig genehmigten Nachträge zu berücksichtigen, für die zumindest ein vom Auftraggeber unterschriebenes Verhandlungsprotokoll vorliegt, in dem die Nachträge dem Grunde nach anerkannt sind. Die Bewertung der Nachträge sollte dann grundsätzlich konservativ (z. B. maximal zur Höhe der „geleisteten" EKT) angesetzt werden. Entscheidend ist, dass der Bewertungsspielraum der offenen Nachträge ersichtlich ist. Dies kann umgesetzt werden, indem der Anteil der im Leistungsstand sowie in der Rechnungsstellung enthaltenen offenen Nachträge getrennt ausgewiesen wird. Zusätzlich kann noch das gesamte, in Verhandlung befindliche Nachtragsvolumen berichtet werden.

- Die **Prognosekalkulation** setzt sich sowohl kosten- als auch erlösseitig und mengenmäßig aus Ist-, Soll- und Prognosedaten zusammen. Ziel der Prognosekalkulation ist, das Bauprojekt-Ergebnis zum Bauende so realistisch wie möglich zu prognostizieren. Somit muss die Möglichkeit bestehen, hierin Nachträge und Nachtragspotenziale in allen Phasen (mit allen Statuskennzeichen) berücksichtigen zu können.

  Es hängt von der Einschätzung der Projektleitung ab, ob z. B. ein erkannter oder angekündigter Nachtrag beauftragt werden kann oder nicht und in der Ergebnisprognoserechnung mit angesetzten Kosten und Erlösen einen Ergebnisbeitrag liefert. Gleiches gilt auch für Nachträge von Nachunternehmern, die mit einer entsprechenden Bewertung/ Einschätzung in die Kosten einfließen, oder nicht.

  Da die letztmalige Fortschreibung der Prognosekalkulation auch eine Nachkalkulation mit entsprechender baubetriebswirtschaftlicher Dokumentation eines Bauprojektes darstellt, ist es von Interesse zu erkennen, welche Nachträge vom Auftraggeber abgelehnt oder vom Auftragnehmer zurückgezogen worden sind.

  Aus handelsrechtlicher Sicht gilt auch bei der Prognose auf das Bauende grundsätzlich das strenge Niederstwertprinzip, da das Prognoseergebnis zum Bauende einen Verlust ausweisen kann, der unter Berücksichtigung des Ist-Ergebnisses zum Stichtag zu einer Drohverlustrückstellung führen kann. Hier könnte man mit bewerteten, noch nicht beauftragten Nachträgen den Drohverlust reduzieren oder gar vermeiden.

Jedes Bauunternehmen sollte genaue Bewertungsrichtlinien für Nachträge und Nachtragspotenziale sowohl in handelsrechtlicher als auch betriebswirtschaftlicher Sicht aufstellen und diese mit dem Wirtschaftsprüfer oder Steuerberater abstimmen. Diese unternehmensindividuellen Bewertungsrichtlinien müssen dann von allen Projektbeteiligten einheitlich angewendet werden.

3.3 Nachtragsdokumentation

Wie bereits erwähnt, ist die Nachtragsdokumentation ein wesentlicher Bestandteil für die erfolgreiche Durchsetzung von Nachträgen. Ab dem Status „erkannt" muss ein Nachtrag dokumentiert und bis zur Beauftragung, Ablehnung oder Rücknahme verfolgt werden. Beim Einsatz von Nachunternehmern gilt dies sowohl für die aus Sicht des Auftragnehmers an den Auftraggeber zu stellenden Nachträge als auch für die von den beauftragten Nachunternehmern erhaltenen Nachträge. Wichtig ist hierbei zu unterscheiden, dass in Abhängigkeit von der Vertragskonstellation ein vom Nachunternehmer gestellter Nachtrag an den Auftraggeber weitergeleitet werden kann oder nicht.

Zur Unterstützung eines solchen Nachtragsmanagements sollten im Unternehmen einheitliche Formulare zur Dokumentation von Nachträgen und Nachtragspotenzialen (oder Erfassmasken im Softwaresystem) angewendet werden. Sie beinhalten die wesentlichen zeit- und wertmäßigen Eckdaten der Nachträge, um bei größeren Bauvorhaben, insbesondere im Schlüsselfertigbau, die Übersicht zu behalten. Abb. 39 beinhaltet die Nachträge an den Auftraggeber; Abb. 40 zeigt die Nachträge der Nachunternehmer und die Weiterleitung an den Auftraggeber.

Bauvorhaben	Verwaltungsgebäude					Auftragsnr.	NN
Bauleiter	Baumann	Kaufmann	Kaufmann	Monat	08/20XX	Datum	04.09.20XX

Nr.	Bezeichnung des Nachtrags	Angebot an Bauherr		Beauftragung				Ausführung					Bemerkungen
		Datum eingereicht	Angebots-summe	Datum verhan-delt	Auftrags-summe	Abrechnung Pauschale	Auf-trags-wert-erhö-hend	NU-Leistung bzw. Eigen-leistung	Leistung ausgeführt	in LM aktiviert	auszufüh-rende Nachtrags-leistung Stichtag bis Jahresende	erwartetes Ergebnis aus Nach-trägen Stichtag bis Jahres-ende	
			€		€	A / P	ja / nein	Firma	€	€	€	€	
10	Keller als „Weiße Wanne“	23.07.XX	850.000,00	04.08.XX	800.000,00	P	ja	NU	200.000,00	200.000,00	600.000,00	60.000,00	
20	Bodenbelag Marmor	06.08.XX	500.000,00			A	ja	Eigen	0,00	0,00	0,00	0,00	Ausführung in 20XX
		Summen	1.350.000,00		800.000,00				200.000,00	200.000,00	600.000,00	60.000,00	

Abb. 39: Nachtragsmanagement gegenüber Auftraggeber

Bauvorhaben	Verwaltungsgebäude			Kostenstelle / Projektnr.	NN
Bauleiter	Baumann	Kaufmann	Kaufmann	Monat	08/20XX
				Datum	04.09.20XX

Nr.	KOA	NU-Auftrag				Abrechnung			Leistung	Abgrenzung	Nachträge an AG			
		Firma	Gewerk	Hauptauftrag	Nachtrag	Hauptauftrag	Nachtrag	Status	Gesamt	zum Stichtag	Nachträge an AG weitergeleitet	Nachtrags-Nr. an AG	Datum weitergeleitet	Bemerkungen
				€	€	€	€	AR / SR	€	€	€			
1	640510	Betonmaxe	Stahlbetonarbeiten	2.000.000,00	640.000,00	200.000,00	100.000,00	AR	360.000,00	60.000,00	800.000,00	10	23.07.XX	Weiße Wanne
			Summen	2.000.000,00	640.000,00	200.000,00	100.000,00		360.000,00	60.000,00	800.000,00			

Abb. 40: Nachtragsmanagement gegenüber Nachunternehmer

Charakteristisch für das Berichtswesen einer Bauunternehmung ist, dass neben den Berichtsdaten des gesamten Unternehmens die wichtigsten Daten der einzelnen Bauprojekte berichtet werden. Hier nimmt das Thema Nachträge einen besonderen Stellenwert bei der Auftragswert- und Leistungsdarstellung ein.

Die Nachträge sollen als Gesamtsummen je Auftragswert und Leistung zum Stichtag getrennt nach:

- beauftragten Nachträgen,
- eingereichten, noch nicht beauftragten Nachträgen,
- eingereichten, noch nicht beauftragten Nachträgen (bewertet),
- noch einzureichenden Nachträgen (bewertet)

ausgewiesen werden.

Der Anteil noch nicht beauftragter Nachträge oder gar noch einzureichender Nachträge in der Leistung soll das „Risikopotenzial" der Ergebnisermittlung zum Stichtag dokumentieren, da sich diese Werte auch noch reduzieren können. Dieses Risikopotenzial kann über die Verdichtung der Nachtragswerte über alle Bauprojekte auch auf Unternehmensebene angegeben werden.

Abb. 41 zeigt beispielhaft einen Auszug zum Thema „Nachträge" aus einem monatlichen Bauprojektbericht.

Hier wird zusätzlich noch der Wert „in Vorschau-Leistung bis Jahresende enthalten und nicht beauftragt" angegeben, der in der monatlichen Leistungsvorschau bis zum Jahresende ebenfalls ein Risikopotenzial darstellt. Aus den bis auf Unternehmensebene verdichteten Vorschaudaten wird die Unternehmensprognose für das laufende Geschäftsjahr hergeleitet, sodass die Geschäftsführung über das Nachtragspotenzial für jeden Status informiert ist. Weiterhin wird auch der Wert „davon Zahlungseingang auf eingereichte noch nicht beauftragte Nachträge die in Leistung enthalten sind" angezeigt. Dieser Wert soll eine gewisse Sicherheit für solche Nachträge liefern, auf die der Auftraggeber bereits eine Zahlung (im Sinne einer Vorauszahlung) geleistet hat, obwohl die Nachträge noch nicht endgültig beauftragt sind. Zum Bauende (im betriebswirtschaftlichen Sinn) weist der Punkt „3 Nachträge" nur noch Werte in der Zeile „Beauftragte" aus, da es dann weder eingereichte, noch nicht beauftragte und noch einzureichende Nachträge geben kann.

0 Auftragswert (AW) und Plan	Vormonat			Veränderung im Berichtsmonat			Aktueller Auftragswert am Stichtag			Plan AW	Plan Erg.
		37.843.976			7.600.000			45.443.976		36.249.000	1.026.262
											2,8 %
1 Prognose	**Prognose Bauende, Vormonat**			**Veränderung im Berichtsmonat**			**Prognose Bauende, am Stichtag**			**Prog. 1-12 KJ**	
	AW	Ergebnis		AW	Ergebnis		AW	Ergebnis		Leistung	Ergebnis
	45.443.976	1.930.470	4,2 %	900.000	90.000	10 %	46.343.976	2.020.470	4,4 %	38.258.197	1.740.896
	Projekt Beginn		Okt. 07	**Vertragl. Projektende**		März 09	**Prog-Projektende**		April 09	**Fertg. grad**	13 %
2 Leistung und Ergebnis	**Ist Vormonat**			**Veränderung im Berichtsmonat**			**Ist per Stichtag**				
	Leistung BB	Ergebnis BB		Leistung M	Ergebnis M		Leistung BB	Ergebnis BB		Leistg. KJ	Erg. KJ
	4.576.545	1.22.740	2,7 %	1.663.606	40.260	2,4 %	6.240.151	163.000	2,6 %	2.858.197	101.291
	Prognosewerte zum Stichtag aus Vormonat			2.000.000	90.217	4,5 %					
			Abweichungen	-336.394	-49.957						
	Auftr. best.	40.867.431		Auftr. best.	-763.606		Auftr. best.	40.103.825			
3 Nachträge (nachrichtlich)	**Ist Vormonat**			**Veränderung im Berichtsmonat**			**Ist per Stichtag**				
	AW	Leistung		AW	Leistung		AW	Leistung			
beauftragt	1.402.441			7.600.000			9.002.441				
eingereicht	7.900.000			-6.700.000			1.200.000				
eingereicht bewertet	7.600.000	1.000.000		-6.700.000	-1.000.000		900.000	0			
noch einzureichen (bewertet)	900.000			-900.000	0		0	0			
in Vorschau-Lstg. bis Jahresende enth. u. nicht beauftr.		0			800.000			800.000			
4 Zahlungen / Rechnungen (AR + SR)							**Ist per Stichtag**				
Rechnung / Rechnungsabstriche / Rechnung - Leistung								6.500.000	120.000	259.849	
Zahlungseingang / Zahlungsausgang / Differenz								4.600.000	5.669.045	-1.069.045	
davon Zahlungseingang auf eingereichte und nicht beauftragte Nachträge, die in Leistung enthalten sind								0			

Abb. 41: Auszug aus einem monatlichen Bauprojektbericht

4 Bauwerksmodell zur Bauablaufplanung und Leistungsermittlung

Nachdem vorher das Rechenverfahren zur Bewertung der Bauleistung geklärt wurde, geht es nun im zweiten Schritt um ein praxistaugliches Verfahren zur Ermittlung einer zuverlässigen Mengenbasis und der Herstellung eines Bezuges von Leistungsmengen zu einer Zeiteinheit (Kalender).

Das dem Bauvertrag zugrunde gelegte Leistungsverzeichnis (LV) ist, seinem Bestimmungszweck entsprechend, auf eine eindeutige und vertragsgerechte Beschreibung der Leistung ausgerichtet. Im Leistungsverzeichnis gibt es in der Regel keinen Bezug zur Zeit und auch nicht zur bauablaufgerechten Gliederung der späteren Erstellung des Bauwerks. Das LV alleine ist deswegen ungeeignet, um den Bauablauf zu gliedern, zu planen oder zu überwachen. Aus diesem Grund müssen die LV-Positionen für die Planung und Steuerung des Bauablaufes in eine neue und ablaufgerechte Struktur gebracht werden. Dazu müssen die LV-Positionen, welche in der Regel nur nach Gewerken gegliedert sind,

- in ein Bauwerksmodell gegliedert und
- in einen Zeitbezug gebracht werden.

Die Gliederung von Bauprojekten nach einem (standardisierten) Bauwerksmodell ist entscheidend für die erfolgreiche Umsetzung des beschriebenen Bauprojekt-Management-Modells in die Praxis. Dies gilt für größere und kleinere Bauprojekte gleichermaßen. Ein gut gewähltes Bauwerksmodell bewirkt dreierlei:

- Ordnung und Übersicht in der Mengenermittlung reduzieren die Fehlerhäufigkeit.
- Die Mengenermittlung ist wesentlich zeitsparender, da die Mengen nicht positionsweise, sondern positionsübergreifend ermittelt werden können.
- In der Leistungsermittlung kann durch einfache Feststellung des prozentualen Fertigstellungsgrades viel Zeit eingespart werden. In den meisten Fällen gewährleistet dieses Verfahren ausreichende Genauigkeit.

Anhand des Bauwerksmodells kann die Entstehung des Bauwerks leicht verständlich dargestellt werden. Dies geschieht in der Praxis seit Langem mit Hilfe eines nach Gewerken und Arbeitsabschnitten gegliederten Bauzeitenplanes. Die Arbeitsabschnitte entsprechen der Gliederung des Bauwerksmodells. Die Positionen der LVs werden mengenmäßig auf die Arbeitsabschnitte aufgeteilt und können nun übersichtlich geplant werden. Arbeitsabschnitte sind für sich abgeschlossen herstellbare Bauwerksteile, z. B. eine Kanalhaltung, ein Geschoss oder eine Stützwand. Je nachdem, wie feingliedrig die Arbeitsabschnitte definiert werden und wie groß das Bauprojekt ist, läuft während einer Periode (z. B. einer Woche) eine überschaubare Anzahl von Arbeitsabschnitten gleichzeitig ab. Jeder Arbeitsabschnitt kann in sich noch stärker detailliert nach Positionen, Unterpositionen und Fertigstellungszeitraum geplant werden. Wöchentlich wird dann der Baufortschritt prozentual für den Arbeitsabschnitt oder bei Bedarf auch positionsweise exakt ermittelt. In der Praxis ist mit dieser pragmatischen Arbeitsmethode eine zuverlässige und kontinuierliche Leistungsermittlung einfach umsetzbar.

Ein wesentlicher Vorteil ist, dass die Ermittlung der Mengen organisatorisch sauber herausgetrennt und damit an eine Person delegierbar wird. In angelsächsischen Ländern gibt es hierzu die Position des „Quantity surveyors". In den deutschen Bauunternehmen kann diese Arbeit der Kalkulationsabteilung oder der Arbeitsvorbereitung (sofern sie noch besteht) zugeordnet werden. Die Ist-Stundenleistung sowie der Verbrauch von Hauptmaterialgruppen und die Leistung der Nachunternehmer kann ebenfalls nach Arbeitsabschnitten berichtet und auf Abweichungen zur Kalkulation analysiert werden.

Ein weiterer Vorteil ist die einfache Bewertung von teilfertigen Leistungen bei Eigenproduktion. Die Unterpositionen können je Arbeitsabschnitt unabhängig voneinander berichtet werden, was zum Beispiel bei Schalarbeiten die Genauigkeit verbessert.

5 Kostenarten-Vergleichsrechnung

5.1 Vergleichsrechnung auf Projektebene

Die etablierte Form der wertmäßigen Vergleichsrechnung stellt die Kostenarten-Vergleichsrechnung dar. Hierbei werden für das gesamte Projekt die bis zum Stichtag angefallenen Soll- und (Prognose-)Kosten, gruppiert nach Kostenarten, den tatsächlichen Ist-Kosten der Baubetriebsrechnung gegenübergestellt und auftretende Abweichungen überprüft. Zu beachten ist:

- Die Kostenartenstruktur der Betriebsbuchhaltung muss mit der Kostenartenstruktur der Bauauftragsrechnung (Kalkulation) harmonisiert sein, d. h. durch entsprechende Absprachen im Unternehmen muss verbindlich fixiert sein, welche Kostenbestandteile in welcher Kostenart kalkuliert und auf welchem Konto der Betriebsbuchhaltung diese Kosten zu einem späteren Zeitpunkt verbucht werden.
- Die durch den Bauprozess anfallenden Ist-Kosten müssen der entsprechenden Kostenstelle zugeordnet werden. Dabei ist zwischen der Ermittlung der Kosten einerseits, und der verursachungsgerechten Verrechnung der Kosten zu Lasten der Kostenstelle andererseits zu unterscheiden. Hierzu muss das Berichtswesen eine entsprechende verursachungsgerechte Ermittlung und Zuordnung der Ist-Kosten erlauben.

Die Durchführung der Kostenarten-Vergleichsrechnung umfasst drei wesentliche Arbeitsgänge:

- Im ersten Arbeitsgang sind die bis zum Stichtag angefallenen Soll- und Prognose-Kosten zu ermitteln. Diese berechnen sich aus der Multiplikation der jeweils geleisteten Mengen mit den Kostenansätzen der Arbeitskalkulation-Leistungsvorgabesicht bzw. Prognosesicht, gruppiert nach Kostenarten.
- Im zweiten Arbeitsgang sind dann die Ist-Kosten des Bauprojektes zu bestimmen. Diese können direkt aus der Baubetriebsabrechnung übernommen werden, wobei die Thematik der Abgrenzung und Hinzurechnung beachtet werden muss, oder einer spezifischen Aufstellung auf der Baustelle (i. d. R. bei ARGE-Baustellen) entstammen.
- Im dritten Arbeitsgang werden dann Leistungsvorgabe- und Prognose-Kosten den Ist-Kosten gegenübergestellt und auf etwaige Abweichungen überprüft.

Die Kostenarten-Vergleichsrechnung auf der Basis von Hauptkostenarten erlaubt zwar die Feststellung von Gesamtabweichungen in einzelnen Kostenarten, zeigt aber nicht, welche Teilabweichungen – Mengen- und/oder Preisabweichungen – hierfür verantwortlich sind. Dies ist darauf zurückzuführen, dass in jede verdichtete Kostenart i. d. R. Teilabweichungen mehrerer Teilleistungen einfließen, die eine nachträgliche Analyse der Abweichungsursache immens erschweren oder gar unmöglich machen.

5.2 Vergleichsrechnungen auf Basis von Ausführungseinheiten

Die Vergleichsrechnung auf Basis von Ausführungseinheiten empfiehlt sich, da Abweichungen besser zugeordnet und begreifbar sind.

Die Ausführungseinheit – manchmal auch Bauabschnitt genannt – entspricht dem klassischen Kostenträger. (Theoretisch wäre die kleinste Ausführungseinheit eine nach Bauwerksmodell gegliederte LV-Position, was aber in der Praxis keinen Sinn ergibt). Auf der Basis von Ausführungseinheiten werden i. d. R. nur die wesentlichen Kostenarten und -gruppen untersucht, d. h. man konzentriert sich auf

- die Lohnstunden/Lohnkosten für Arbeitsstunden bei lohnintensiven Arbeiten,
- die Gerätestunden/Gerätekosten für Leistungsgeräte bei geräteintensiven Arbeiten,
- auf die Materialkosten/Materialverbrauche für kostenintensive Materialien bei materialintensiven Arbeiten,
- auf die Nachunternehmerleistungen.

Soll die Vergleichsrechnung auf Basis von Ausführungseinheiten auf alle Kostenarten ausgeweitet werden, soll also eine Kostenträgerrechnung durchgeführt werden, so empfiehlt es sich, nicht alle Einzelkosten als Ist-Daten explizit zu ermitteln. Vielmehr werden nur die wichtigsten kostenverursachenden Faktoren als Ist-Kosten pro Ausführungseinheit ermittelt und analysiert, während alle übrigen Kosten durch einen Zuschlag aus den Soll-Daten der Arbeitskalkulation-Leistungsvorgabe übernommen werden, um so zu den Gesamtkosten der Ausführungseinheit zu gelangen. Auf dieser Basis ist sehr zeitnah zur Kostenentstehung eine Vergleichsrechnung durchzuführen, die relativ genaue Informationen bezüglich etwaiger Abweichungen liefert und Prognosen auf das Bauprojektende zulässt. Von Vorteil hierfür sind:

- eine Datenerfassung direkt auf der Baustelle,
- eine Erweiterung der Geräteverrechnung auf Tages- bzw. Wochenbasis,
- ein Lieferschein-/Rechnungsabgleich nach Kostenträgern,
- eine Leistungsabgrenzung/Aufmaßgliederung nach Kostenträgern.

Insgesamt ermöglicht eine Vergleichsrechnung auf Basis von Ausführungseinheiten am besten, auf Abweichungen zielgenau zu reagieren. Die Vergleichsrechnung auf Basis von Ausführungseinheiten ermöglicht die Aufspaltung von Gesamtabweichungen in Teilabweichungen. Die Aufspaltung der Gesamtabweichung in Teilabweichungen erlaubt eine genaue Analyse der Abweichungsursache. Die vorliegende Gesamtabweichung von 471,95 € ist erstens zurückzuführen auf eine Mengenabweichung der Lohnstunden von geplanten 101,25 Stunden gegenüber tatsächlich angefallenen 112,50 Stunden und zweitens auf eine Preisabweichung des Mittellohns von geplanten 31,45 € zu tatsächlichen 32,50 € (vgl. Abb. 42).

Da mit moderner Bausoftware die Soll-Daten pro Ausführungseinheit mit geringem Aufwand schnell und zuverlässig gerechnet werden können, wird dies bisweilen auch für die Ermittlung der Ist-Werte angenommen. In der Praxis sind aber eine gute Organisation, hohe Disziplin und ein gewisser Arbeitsaufwand erforderlich, um die Ist-Kosten pro Ausführungseinheit in der erforderlichen Genauigkeit zu ermitteln. Am einfachsten können die Lohnstunden nach Ausführungseinheiten berichtet werden.

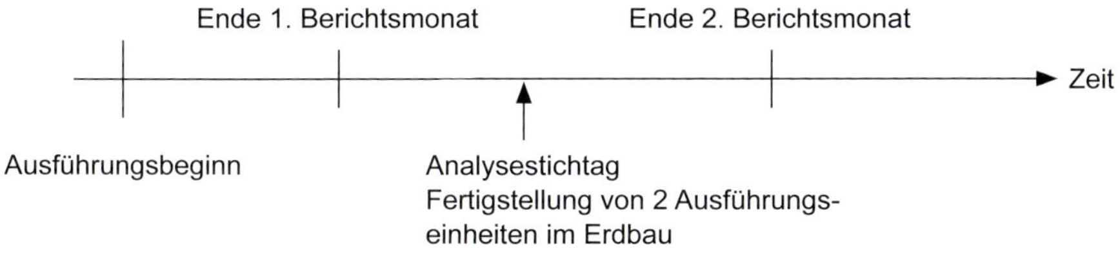

Ermittlung der Plan-Herstellkosten:

Lohn	⇨	2 AE	x	1.592,15 €	=	3.184,90 €
Zuschlag	⇨	2 AE	x	918,37 €	=	1.836,75 €
						5.021,05 €

Ermittlung der Ist-Herstellkosten:

Ist-Stunden gemäß Tagesberichte (Ist-Arbeits-Stunden * Ist-Mittellohn)

Lohn	⇨	112,50	x	32,50 €	=	3.656,25 €
Zuschlag	⇨	2 AE	x	918,37 €	=	1.836,74 €
						5.493,00 €

Vergleichsrechnung:

Plan/Ist-Abweichungen (hier: Mehrkosten) 471,95 €

Abb. 42: Schematische Darstellung der Vergleichsrechnung auf Basis von Ausführungseinheiten

Damit die Zuordnung der Ist-Kosten zu den Ausführungseinheiten zeitsparender erfolgen kann, empfiehlt sich, dass Techniker und Kaufleute im gleichen System arbeiten. Denn dann ist es möglich, dass der Projektleiter auf Lieferscheinbasis oder auf Rechnungsbasis nachträglich eine Zuordnung zur Ausführungseinheit vornimmt. Ebenso muss dies für die Leistungsgeräte und ggf. sogar für Vorhaltegeräte möglich sein.

6 Zweigliedrige Arbeitskalkulation am Projektbeispiel mit Eigenleistung

Die unmittelbar nach Auftragserteilung erarbeitete Vertragskalkulation mit ihrer Datensicht VK(o) und die kurz nach Baubeginn erstellte Arbeitskalkulation-Leistungsvorgabe AK(o) sind über den weiteren Baufortschritt dynamisch fortzuschreiben. Dies erfolgt i. d. R. jeweils zum Ende einer Berichtsperiode, wenn die Daten der zuvor beschriebenen Kontrollrechnungen vorliegen. Zum Ende der ersten Berichtsperiode muss überprüft werden, ob die Daten noch aktuell sind, oder bereits neue Erkenntnisse vorliegen, die zu ihrer Aktualisierung führen. Dabei bleiben beide Datensichten erhalten, d. h. die Daten der ersten Vertragskalkulation VK(o) werden in Form einer VK(1) fortgeschrieben, die Daten der ersten Arbeitskalkulation-Leistungsvorgabesicht AK(o) in Form einer AK(1). In gleicher Form werden auch die Erstprognosedaten der Arbeitskalkulation-Prognosesicht PK(o) in Form einer PK(1) fortgeschrieben. Diese bilden dann die Ausgangsdaten für die Kontrollrechnungen der zweiten Berichtsperiode, zu deren Ende eine VK(2), AK(2) und PK(2) erstellt wird. Dieser Prozess wiederholt sich bis zum Ende der Bauausführung.

Welche Daten nun in welchem Umfang in der Aktualisierung von VK(i), AK(i) und PK(i) berücksichtigt werden, ist abhängig von der Analyse der Abweichungsursache und -wirkung. Aufgrund der unterschiedlichen Wirkung auftraggeber- und auftragnehmerseitig verursachter Abweichungen ist es Aufgabe des Kontrollelementes, eine Abweichung als solche nicht nur aufzuzeigen, sondern darüber hinaus auch die Ursache hierfür zu erkennen. Aber auch die Ursache alleine ist aus Sicht des Bauprojekt-Managements unzureichend. Daher muss die Kontrollrechnung um das Instrument der Abweichungsanalyse ergänzt werden, deren Aufgabe es ist, neben der Ursachenanalyse auch die Folgewirkung der aufgetretenen Abweichung zu untersuchen und entsprechende Steuerungsmaßnahmen vorzubereiten.

Das bedeutet, dass die in der Vergleichsrechnung ermittelten Abweichungen näher untersucht werden müssen. So ist beispielsweise zu hinterfragen, ob die zuvor in der Vergleichsrechnung aufgetretene Mengenabweichung auf eine auftraggeberseitige Veränderung des Bau-Solls oder auf einen auftragnehmerseitig zu tragenden Umstand (z. B. infolge von Ausführungsproblemen) zurückzuführen ist. Gleiches gilt für die Kostenabweichung. Sie kann z. B. auf eine vom Auftraggeber gewünschte Ausführungsänderung zurückzuführen sein, die anderes Ausführungspersonal benötigt, oder durch eine vom Auftragnehmer zu tragende (tarifliche) Lohnerhöhung verursacht worden sein.

Um die Wirkung von Abweichungen darzustellen, werden nachfolgend exemplarisch auftraggeberseitig und auftragnehmerseitig zu vertretende Sachverhalte untersucht. In unserem Beispiel ist nach einer Ausführungszeit von fünf Monaten das Kellergeschoss zu 100 Prozent, das Erdgeschoss zu 50 Prozent fertiggestellt; die Arbeiten am Obergeschoss haben gerade erst begonnen. Die am Ende des fünften Ausführungsmonats durchgeführten Kontrollrechnungen lassen in einer Abweichungsanalyse folgende Sachverhalte (SV) erkennen, die in der Fortschreibung der VK(i), AK(i) und PK(i) unterschiedlich zu berücksichtigen sind. Diese Sachverhalte sind auch in der Systemkette VK(o), AK(o), VK(i), AK(i), kurzfristige Ergebnisrechnung, Vergleichsrechnung und PK(i) aufgeführt (vgl. Abb. 43).

Vertragskalkulation VK(o)	
KG	96.681,72 €
EG	250.000,00 €
OG	220.000,00 €
DG	56.318,28 €
Int.-Pos. BGK	267.000,00 €
Summe HK	890.000,00 €
+ AGK (10 %)	102.299,00 €
+ WuG (3 %)	30.691,00 €
Auftragssumme	1.022.990,00 €

Arbeitsvorbereitung:

nicht berücksichtigte HK:
KG: 6.000,00 €
OG: 4.000,00 €

Erst-Leistungsvorgabesicht AK(o)	
KG	102.681,72 €
EG	250.000,00 €
OG	224.000,00 €
DG	56.318,28 €
Int.-Pos. BGK	267.000,00 €
Summe HK	900.000,00 €
DB	122.990,00 €
Auftragssumme	1.022.990,00 €

Bauausführung:

Einarbeiten der Sachverhalte 1-3

Vertragskalkulation VK(i)		Leistungsvorgabesicht AK(i)	
KG	98.116,47 €	KG	104.116,47 €
EG	259.686,50 €	EG	259.686,50 €
OG	220.000,00 €	OG	224.000,00 €
DG	56.318,28 €	DG	56.318,28 €
Int.-Pos. BGK	269.040,20 €	Int.-Pos. BGK	267.000,00 €
Summe HK	903.161,45 €	Summe HK	911.121,25 €
DB	133.000,75 €	DB	125.040,95 €
aktualisierte Auftragssumme	1.036.162,20 €	aktualisierte Auftragssumme	1.036.162,20 €

Kurzfristige Ergebnisrechnung		Vergleichsrechnung	
a) Leistungsbewertung		**a) Ermittlung der Soll-Kosten**	
KG	98.116,47 €	KG	98.116,47 €
EG	129.843,25 €	EG	129.843,25 €
OG	0,00 €	OG	0,00 €
DG	0,00 €	DG	0,00 €
Int.-Pos. BGK	129.139,30 €	Int.-Pos. BGK	129.139,30 €
Summe Soll-HK	357.099,02 €	Summe Soll-HK	357.099,02 €
DB (14,94 % d. HK)	53.359,62 €		
Bauleistung	410.458,64 €	**b) Ermittlung der Ist-Kosten**	
		KG	103.416,47 €
b) Ermittlung der Ist-Kosten		EG	132.950,00 €
KG	103.416,47 €	OG	0,00 €
EG	132.950,00 €	DG	0,00 €
OG	0,00 €	Int.-Pos. BGK	131.100,00 €
DG	0,00 €	Summe HK	367.466,47 €
Int.-Pos. BGK	131.100,00 €		
Summe HK	367.466,47 €	**c) Soll-Ist-Abweichung**	
anteilige AGK	41.045,86 €	KG	5.300,00 €
(10 % d. Baul.)		EG	3.106,75 €
Summe SK	401.256,49 €	OG	0,00 €
		DG	0,00 €
c) Ergebnis	1.946,31 €	Int.-Pos. BGK	1.960,70 €
in % d. Bauleistung	0,47 %	Summe HK	10.367,45 €

Einarbeiten der Sachverhalte 4-5 inkl. Folgewirkung auf das Bauprojektende

Prognosesicht PK(i)	
KG	103.416,47 €
EG	264.300,00 €
OG	224.000,00 €
DG	56.318,28 €
Int.-Pos. BGK	271.000,90 €
Summe HK	919.035,65 €
DB	134.001,55 €
aktualisierte Auftragssumme	1.053.037,20 €

Abb. 43: Systemkette VK(o), AK(o), VK(i) und AK(i), kurzfristige Ergebnisrechnung, Vergleichsrechnung und PK(i)

		Pos.	LE-Menge	Einheit [E]	Kurztext
1	**Kellergeschoss**				
	darin enthalten	1.010	0	m^3	Aushub und seitliches Lagern
		1.020	0	m^3	Abfuhr
		1.030	0	m^3	Hinterfüllung
		2.010	225	m^3	Sauberkeitsschicht 5 cm
		2.020	120	m^3	Fundamentbeton B 25
		2.030	120	m^3	Wandbeton B25
		2.040	200	m^2	Fundamentschalung
		2.050	800	m^2	Wandschalung
		2.060	12	t	Betonstahl 500 S
		2.070	12	t	Betonstahlmatten 500 M
		2.080	10	m	Dehnungsfugen
		2.090	160	m	Arbeitsfugen
		2.100	30	m	Sollbruchfugen
SV-1	gem. § 2 Nr. 3 Mehrmenge <110 %	1.010 N1	990	m^3	Aushub und seitliches Lagern
SV-1	gem. § 2 Nr. 3 Mehrmenge >110 %	1.010 N2	110	m^3	Aushub und seitliches Lagern
SV-1	gem. § 2 Nr. 3 Mehrmenge <110 %	1.020 N1	165	m^3	Abfuhr
SV-1	gem. § 2 Nr. 3 Mehrmenge >110 %	1.020 N2	485	m^3	Abfuhr
SV-1	gem. § 2 Nr. 3 Mindermenge < 90 %	1.030 N1	450	m^3	Hinterfüllung
2	**Erdgeschoss**				
	darin enthalten	3.040	0	m^2	Bodenfliesen
SV-2	gem. § 2 Nr. 5 Leistungsänderung	3.040 N1	200	m^2	Naturstein
3	**Obergeschoss**				
4	**Dachgeschoss**				
5	**Einzelkosten der Teilleistungen (EKT)**				
6	**Baustellengemeinkosten (BGK)**				
	darin enthalten	Int.-Pos. 1	1	psch.	Einrichten und Räumen
		Int.-Pos. 2	40	AT	Vorhaltung
		Int.-Pos. 3	40	AT	Örtliche Bauleitung
		Int.-Pos. 4	40	AT	Betriebskosten
		Int.-Pos. 5	1	psch.	Kosten der techn. Bearbeitung
SV-3	gem. § 6 Nr. 6 Behinderung	Int.-Pos. 2 N1	5	AT	Vorhaltung
SV-3	gem. § 6 Nr. 6 Behinderung	Int.-Pos. 3 N1	5	AT	Örtliche Bauleitung
SV-3	gem. § 6 Nr. 6 Behinderung	Int.-Pos. 4 N1	5	AT	Betriebskosten
7	**Herstellkosten (HK) (5+6)**				
8	**Auftragswert**				
9	**Deckungsbeitrag (DB) (8-7)**				
10	**Allgemeine Geschäftskosten (AGK) (10 % von 8)**				
11	**Ergebnis (E) (9-10)**				

Abb. 44: VK(i) – Bauprojekt SF-Bau

Lohn €/E 31,45	**SoKo €/E**	**NU €/E**	**HK €/E**	**Gesamt-HK €**	**EP €/E**	**DB €/E**	**DB %**	**GP €**
				98.116,47				**143.655,20**
3,15	1,59		4,74	0,00	7,55	2,82	37,28	0,00
	5,00		5,00	0,00	5,82	0,82	14,09	0,00
4,72	1,99		6,71	0,00	10,85	4,14	38,18	0,00
6,29	2,50		8,79	1.977,75	14,13	5,34	37,79	3.179,25
22,02	65,00		87,02	10.441,80	114,14	27,13	23,76	13.696,80
41,83	65,00		106,83	12.819,42	149,59	42,76	28,59	17.950,80
23,59	10,00		33,59	6.717,50	53,70	20,11	37,45	10.740,00
31,45	10,00		41,45	33.160,00	67,77	26,32	38,84	54.216,00
		750,00	750,00	9.000,00	840,00	90,00	10,71	10.080,00
		750,00	750,00	9.000,00	840,00	90,00	10,71	10.080,00
31,45	7,50		38,95	370,03	64,90	25,95	39,98	616,55
9,44	2,50		11,94	1.909,60	19,76	7,83	39,60	3.161,60
31,45	10,00		41,45	1.243,50	67,77	26,32	38,84	2.033,10
3,15	1,59		4,74	4.687,65	7,55	2,82	37,28	7.474,50
3,15	1,59		4,74	520,85	5,72	0,98	17,22	629,20
	5,00		5,00	825,00	5,82	0,82	14,09	960,30
	5,00		5,00	2.425,00	5,76	0,76	13,19	2.793,60
4,72	1,99		6,71	3.018,38	13,43	6,72	50,06	6.043,50
				259.686,50				
23,59	60,00		83,59	0,00	114,30	30,71	26,87	0,00
28,32	103,70		132,02	26.404,00	169,96	37,94	22,32	33.992,00
				220.000,00				
				56.318,28				
				634.121,25				
				269.040,20				
6.919,00	2.700,00		9.619,00	9.619,00				
	30,00		30,00	1.200,00				
	267,50		267,50	10.700,00				
	57,50		57,50	2.300,00				
	2.900,00		2.900,00	2.900,00				
	30,00		34,48	172,40				
	267,50		307,47	1.537,35				
	57,50		66,09	330,45				
				903.161,45				
				1.036.162,20				
				133.000,75	**12,84**	**%**		
				103.616,22	**10,00**	**%**		
				29.384,53	**2,84**	**%**		

Abb. 44: VK(i) – Bauprojekt SF-Bau (Fortsetzung)

6.1 Fortschreibung der VK(i) mit AK(i): Vom Auftraggeber zu vertretende Veränderungen

Die nachfolgend geschilderten Sachverhalte führen zu einer Veränderung der ursprünglichen Plan-Daten hin zu aktualisierten Soll-Daten und Leistungsvorgabedaten in der VK(i) und AK(i) (vgl. Abb. 44).

Die Rechenwege lauten:

Herstellkosten gem. VK(o) bzw. AK(o)

+/- Mehr-/Minderkosten (vom Auftraggeber in Form von Nachträgen anerkannt)

= Herstellkosten gem. VK(i) bzw. AK(i)

Auftragswert gem. VK(o) bzw. AK(o)

+/- Nachträge (vom Auftraggeber anerkannt)

= Auftragswert gem. VK(i) bzw. AK(i)

6.1.1 Sachverhalt 1 (SV-1)

Im Kellergeschoss waren die Mengenangaben in den Vertragsunterlagen fälschlicherweise auf der Basis älterer Planungsunterlagen ermittelt und vom Auftraggeber vorgegeben worden. Die korrigierten Mengenangaben betragen in der Pos. 1.010 = 1.100 m^3, in der Pos. 1.020 = 650 m^3 und in der Pos. 1.030 = 450 m^3. Es handelt sich somit um Mengenänderungen, die im Falle eines Einheitspreisvertrages vom Auftraggeber zu verantworten sind (vgl. Abb. 45).

Die Einheitspreise berechnen sich wie folgt:
Den Berechnungen liegt die Annahme zugrunde, dass sich die zeitvariablen Anteile der Baustellengemeinkosten durch die Mengenänderungen nicht erhöhen bzw. reduzieren, d. h., dass es nicht zu einer Veränderung der vertraglich vereinbarten Bauzeit kommt.

6.1.2 Sachverhalt 2 (SV-2)

Im Kostenträger Erdgeschoss konnte in der Pos. 3.040 (Bodenfliesen) eine Nachtragsforderung in Höhe von 11.132,00 € durchgesetzt werden. Diese ist auf eine geänderte Leistung des Auftraggebers zurückzuführen, da er anstelle der vertraglich vereinbarten Steinzeugfliesen nunmehr Natursteinfliesen verlegt bekommen möchte. Der Nachtrag wurde vom Auftraggeber bereits schriftlich genehmigt. Der geänderte Einheitspreis berechnet sich wie in Abb. 46 dargestellt.

6.1.3 Sachverhalt 3 (SV-3)

Wichtige, für Ausführungsarbeiten im Kellergeschoss benötigte und vom Auftraggeber beizustellende Ausführungspläne wurden mit einem Zeitverzug von fünf Arbeitstagen zum vertraglich vereinbarten Zeitpunkt geliefert. Hierdurch ist der Auftragnehmer in der ordnungsgemäßen Ausführung seiner Bauleistung behindert. Durch die Behinderung erhöhen sich die zeitvariablen Baustellengemeinkosten, wobei eine proportionale Beziehung zwischen Bauzeit und zeitvariablen Baustellengemeinkosten unterstellt wird.

Die Mehrkosten innerhalb der zeitvariablen Baustellengemeinkosten aufgrund der auftraggeberseitigen Behinderung berechnen sich wie in Abb. 47 dargestellt.

1	2	3	4	5	6	7	8	9	10	11	12	13	14	15
Pos.	Kurztext		Menge gem. LV	Einheit	Lohn	SoKo	EKT	BGK	HK	AGK	W+G	Umlage	EP	GP
							6+7		8+9	10*11,494 %	10*3,448 %	9+11+12	10+11+12	4*14
1.010	Aushub und seitl. lagern	Soll	900,00	m³	3,15	1,59	4,74	1,82	6,56	0,75	0,23	2,81	7,55	
	Prüfung Mengenabweichung	+10 %	990,00	m³										
		Ist I	990,00	m³										7.474,50
	Mehrmenge > 10 %	Ist II	110,00	m³	3,15	1,59	4,74	0,00	4,74	0,75	0,23	0,98	5,72	629,20
														8.103,70
1.020	Abfuhr	Soll	150,00	m³		5,00	5,00	0,06	5,06	0,58	0,18	0,82	5,82	
	Prüfung Mengenabweichung	+10 %	165,00	m³										
		Ist I	165,00	m³										960,30
	Mehrmenge > 10 %	Ist II	485,00	m³		5,00	5,00	0,00	5,00	0,58	0,18	0,76	5,76	2.793,60
														3.753,90
1.030	Hinterfüllung	Soll	750,00	m³	4,72	1,99	6,71	2,73	9,44	1,09	0,32	4,14	10,85	
	Prüfung Mengenabweichung	-10 %	675,00	m³										
	Mindermenge < 10 %	Ist	450,00	m³	4,72	1,99	6,71	4,55	11,26	1,81	0,43	6,80	13,51	6.079,50
														6.079,50

Anmerkungen:
Für Mengenabweichungen von 90 bis 110 % gilt der alte EP.
Darüber hinausgehende Mehrmengen werden mit einem gespaltenen EP abgerechnet. Für Mehrmengen ab 110 % wird ein neuer EP vereinbart, der i. d. R. niedriger ist als der alte EP, da er um die BGK vermindert wird, weil diese objektbezogen sind und mit ursprünglich ausgeschriebenen Menge bereits vollständig abgedeckt sind.
Für Mindermengen bis 90 % wird ein neuer EP vereinbart, der i. d. R. höher ist als der alte EP, da die Anteile für BGK, AGK und W+G der nicht ausgeführten Menge voll vergütet werden. Die ursprünglich kalkulierte Umlage (=DB * ausgeschrieben Menge) wird durch die tatsächlich ausgeführte Menge dividiert, um den neuen DB zu erhalten.
Die AGK und W+G sind auf die Netto-Angebotssumme bezogen. Umrechnung: (Gesamtzuschlag * 100) / (100 - Gesamtzuschlag)
Die BGK sind auf Grundlage der DB ermittelt worden.

Abb. 45: Sachverhalt 1: Mehr- und Mindermengen (§ 2 Nr. 3 VOB/B)

(1)	(2)	(3)	(4)	(5)	(6)	(7)	(8)	(9)	(10)	(11)	(12)	(13)	(14)	(15)
Pos.	Kurztext		Menge gem. LV	Einheit	Lohn	SoKo	EKT (6)+(7)	BGK	HK (8)+(9)	AGK (10)*11,494 %	W+G (10)*3,448 %	Umlage (9)+(11)+(12)	EP (10)+(11)+(12)	GP (4)*(14)
3.040	Bodenfliesen	Soll	200,00	m²	23,59	60,00	83,59	15,85	99,44	11,43	3,43	30,71	114,30	
	Naturstein	Ist	200,00	m²	28,32	103,70	132,02	15,85	147,87	17,00	5,10	37,94	169,96	33.992,00
														33.992,00

Anmerkungen:
Unter der Voraussetzung, dass keine zusätzlichen Kosten für die Baustelleneinrichtung o. ä. anfallen, werden die BGK nur bis zur ursprünglich kalkulierten Höhe angesetzt.
Der Nachtrag darf nur dann BGK enthalten, wenn die kalkulierten BGK nicht mehr gedeckt sind. Zusätzliche BGK werden als EKT angesetzt. In der Praxis wird der komplette Zuschlag für die BGK angesetzt und im Zuge der Ausgleichsrechnung für Mehr- und Minderkosten berechnet.
Bei geringeren EKT müssen mindestens der bisherige Deckungsbeitrag angesetzt werden (analog zu § 2 Nr. 3 VOB/B Mindermenge). Bei höheren EKT können die zusätzlichen Kosten mit Zuschlägen für AGK und W+G beaufschlagt werden.
Geänderte Leistungen können zu einem höheren oder niedrigeren Einheitspreis führen. Anspruch auf Vereinbarung eines neuen Einheitspreises haben sowohl der Auftraggeber als auch der Auftragnehmer.
Die Abgrenzung zwischen § 2 Nr. 5 und § 2 Nr. 6 VOB/B ist nur insofern von Bedeutung, dass für Zusatzleistungen eine Ankündigungspflicht besteht. Nachdem in der Praxis die Abgrenzung aber nicht immer eindeutig ist, sollte generell aufgrund der Kooperationspflicht des Auftragnehmers angekündigt werden. Beide werden aus der Auftragskalkulation entwickelt.
Ersetzt die zusätzliche Leistung eine LV-Position sind diese DB mindestens zu berücksichtigen (Gesamtausgleichsberechnung beachten).
Bei § 2 Nr. 6 VOB/B werden die Zuschläge für BGK nur bis zu 100 % der ausgeschriebenen Menge angesetzt.

Abb. 46: Sachverhalt 2: Geänderte Leistung (§ 2 Nr. 5 VOB/B)

1	2	3	4	5	6	7	8	9	10	11	12	13	14	15
Pos.	Kurztext		Menge gem. LV	Einheit	Lohn	SoKo	EKT 6+7	BGK	HK 8+9	AGK 10*11,494 %	W+G 10*3,448 %	Umlage 9+11+12	EP 10+11+12	GP 4*14
1	Einrichten / Räumen	Soll	1,00	pausch	6.919,00	2.700,00	9.619,00							9.619,00
	(ohne Einfluss)													**9.619,00**
2	Vorhaltung	Soll	40,00	AT		30,00	30,00							
		Ist	40,00	AT		30,00	30,00							1.200,00
	zusätzlich	Ist	5,00	AT		30,00	30,00		30,00	3,45	1,03	4,48	34,48	172,40
														1.372,40
3	örtl. BL	Soll	40,00	AT		267,50	267,50							
		Ist	40,00	AT		267,50	267,50							10.700,00
	zusätzlich	Ist	5,00	AT		267,50	267,50		267,50	30,75	9,22	39,97	307,47	1.537,35
														12.237,35
4	Betriebskosten	Soll	40,00	AT		57,50	57,50							
		Ist	40,00	AT		57,50	57,50							2.300,00
	zusätzlich	Ist	5,00	AT		57,50	57,50		57,50	6,61	1,98	8,59	66,09	330,45
														2.630,45
5	techn. Bearb.	Soll	1,00	pausch		2.900,00	2.900,00							2.900,00
	(ohne Einfluss)													**2.900,00**

Anmerkungen:
Zu ersetzen sind die zusätzlichen zeitabhängigen Kosten, die Stillstandskosten (Personal, NU, Geräte, etc.) und die Kosten aus dem behinderungsbedingen Leistungsabfall, beaufschlagt mit AGK und W+G.

Abb. 47: Sachverhalt 3: Behinderung (§ 6 Nr. 6 VOB/B – Berechnung der zeitabhängigen Baustellengemeinkosten)

		Pos.	LE-Menge	Einheit [E]	Kurztext
1	**Kellergeschoss**				
	darin enthalten	1.010	0	m^3	Aushub und seitliches Lagern
		1.020	0	m^3	Abfuhr
		1.030	0	m^3	Hinterfüllung
		2.010	225	m^3	Sauberkeitsschicht 5 cm
		2.020	120	m^3	Fundamentbeton B 25
		2.030	120	m^3	Wandbeton B25
		2.040	200	m^2	Fundamentschalung
SV-4	gem. Kontrollrechnung Minderkosten	2.050	800	m^2	Wandschalung
SV-4	gem. Arbeitsvorbereitung Mehrkosten	2.060	12	t	Betonstahl 500 S
SV-4	gem. Arbeitsvorbereitung Mehrkosten	2.070	12	t	Betonstahlmatten 500 M
		2.080	10	m	Dehnungsfugen
		2.090	160	m	Arbeitsfugen
		2.100	30	m	Sollbruchfugen
SV-1	gem. § 2 Nr. 3 Mehrmenge <110 %	1.010 N1	990	m^3	Aushub und seitliches Lagern
SV-1	gem. § 2 Nr. 3 Mehrmenge >110 %	1.010 N2	110	m^3	Aushub und seitliches Lagern
SV-1	gem. § 2 Nr. 3 Mehrmenge <110 %	1.020 N1	165	m^3	Abfuhr
SV-1	gem. § 2 Nr. 3 Mehrmenge >110 %	1.020 N2	485	m^3	Abfuhr
SV-1	gem. § 2 Nr. 3 Mindermenge < 90 %	1.030 N1	450	m^3	Hinterfüllung
2	**Erdgeschoss**				
	darin enthalten	3.040	0	m^2	Bodenfliesen
SV-2	gem. § 2 Nr. 5 Leistungsänderung	3.040 N1	200	m^2	Naturstein
SV-4	gem. Kontrollrechnung Mehrkosten				
3	**Obergeschoss**				
	gem. Arbeitsvorbereitung Mehrkosten				
4	**Dachgeschoss**				
SV-5	Nachtragspotenzial				
5	**Einzelkosten der Teilleistungen (EKT)**				
6	**Baustellengemeinkosten (BGK)**				
	darin enthalten	Int.-Pos. 1	1	psch.	Einrichten und Räumen
		Int.-Pos. 2	40	AT	Vorhaltung
		Int.-Pos. 3	40	AT	Örtliche Bauleitung
		Int.-Pos. 4	40	AT	Betriebskosten
		Int.-Pos. 5	1	psch.	Kosten der techn. Bearbeitung
SV-3	gem. § 6 Nr. 6 Behinderung	Int.-Pos. 2 N1	5	AT	Vorhaltung
SV-3	gem. § 6 Nr. 6 Behinderung	Int.-Pos. 3 N1	5	AT	Örtliche Bauleitung
SV-3	gem. § 6 Nr. 6 Behinderung	Int.-Pos. 4 N1	5	AT	Betriebskosten
SV-4	gem. Kontrollrechnung Mehrkosten				
7	**Herstellkosten (HK) (5+6)**				
8	**Auftragswert**				
9	**Deckungsbeitrag (DB) (8-7)**				
10	**Allgemeine Geschäftskosten (AGK) (10 % von 8)**				
11	**Ergebnis (E) (9-10)**				

Abb. 48: PK(i) – Bauprojekt SF-Bau

Lohn €/E 31,45	SoKo €/E	NU €/E	HK €/E	Gesamt-HK €	EP €/E	DB €/E	DB %	GP €
				103.416,47				**143.691,20**
3,15	1,59		4,74	0,00	7,55	2,82	37,28	0,00
	5,00		5,00	0,00	5,82	0,82	14,09	0,00
4,72	1,99		6,71	0,00	10,85	4,14	38,18	0,00
6,29	2,50		8,79	1.977,75	14,13	5,34	37,79	3.179,25
22,02	65,00		87,02	10.441,80	114,14	27,13	23,76	13.696,80
41,83	65,00		106,83	12.819,42	149,59	42,76	28,59	17.950,80
23,59	10,00		33,59	6.717,50	53,70	20,11	37,45	10.740,00
31,45	9,13		40,58	32.460,00	67,77	27,20	40,13	54.216,00
		1.000,00	1.000,00	12.000,00	840,00	-160,00	-19,05	10.080,00
		1.000,00	1.000,00	12.000,00	840,00	-160,00	-19,05	10.080,00
31,45	7,50		38,95	370,03	64,90	25,95	39,98	616,55
9,44	2,50		11,94	1.909,60	19,76	7,83	39,60	3.161,60
31,45	10,00		41,45	1.243,50	67,77	26,32	38,84	2.033,10
3,15	1,59		4,74	4.687,65	7,55	2,82	37,28	7.474,50
3,15	1,59		4,74	520,85	5,72	0,98	17,22	629,20
	5,00		5,00	825,00	5,82	0,82	14,09	960,30
	5,00		5,00	2.425,00	5,76	0,76	13,19	2.793,60
4,72	1,99		6,71	3.018,38	13,51	6,80	50,35	6.079,50
				264.300,00				
23,59	60,00		83,59	0,00	114,30	30,71	26,87	0,00
28,32	103,70		132,02	26.404,00	169,91	37,34	21,98	33.992,00
				4.613,50				0,00
				224.000,00				
				4.000,00				
				56.318,28				
				0,00				16.875,00
				648.034,75				
				271.000,90				
6.919,00	2.700,00		9.619,00	9.619,00				
	30,00		30,00	1.200,00				
	267,50		267,50	10.700,00				
	57,50		57,50	2.300,00				
	2.900,00		2.900,00	2.900,00				
	30,00		34,48	172,40				
	267,50		307,47	1.537,35				
	57,50		66,09	330,45				
				1.960,70				
				919.035,65				
				1.053.037,20				
				134.001,55	**12,73**	**%**		
				105.303,72	**10,00**	**%**		
				28.697,83	**2,73**	**%**		

Abb. 48: PK(i) – Bauprojekt SF-Bau (Fortsetzung)

6.2 Fortschreibung der PK(i): Von der Projektleitung zu vertretende Änderungen

Die nachfolgend aufgeführten Sachverhalte finden in der Aktualisierung der AK(i) und PK(i) Berücksichtigung (vgl. Abb. 48).

Die Rechenwege lauten:

Herstellkosten gem. VK(i) bzw. AK(i)

+/- Mehr-/Minderkosten (vom Auftraggeber anerkannt)

+/- bereits realisierte Mehr-/Minderkosten (Abweichungen)

+/- zukünftige Mehr-/Minderkosten (Prognosen)

= Herstellkosten gem. PK(i)

Auftragswert gem. VK(i) bzw. AK(i)

+/- Nachträge (vom Auftraggeber anerkannt)

+/- Nachtragspotenziale (vom Bauprojekt-Management gewichtet)

= Auftragswert gem. PK(i)

6.2.1 Sachverhalt 4 (SV-4)

Die zum Ende des fünften Ausführungsmonats durchgeführten Abweichungsanalysen zeigen die nachfolgenden auftragnehmerseitig zu tragenden Abweichungen, die vom Bauprojekt-Management bezüglich ihrer Ursache untersucht und auf ihre Folgewirkung zum Bauprojektende hochgerechnet werden (vgl. Abb. 49).

6.2.2 Sachverhalt 5 (SV-5)

Im Kostenträger Dachgeschoss sieht das Bauprojekt-Management ein Nachtragspotenzial in Höhe von 16.875,00 €, ohne dass damit eine Erhöhung der Herstellkosten einhergeht. Dies führt zu einer Erhöhung der Auftragssumme zum Bauprojektende.

	VK(i)	Soll-Daten nach VK(i)	Ist-Daten	Abweichung	Ursache Sachverhalt 4 (SV-4)	Prognose zum Bauprojektende	PK(i)
Kellergeschoss (100 %)	98.116,47 €	98.116,47 €	103.416,47 €	5.300,00 €	1. NU-Vergaben Pos. 2.060 und 2.070 Mehrkosten 6.000,00 € 2. Optimierung Bauausführung in Pos. 2.050 Minderkosten 700,00 €	keine, da 100 % Fertigstellung keine, da 100 % Fertigstellung	103.416,47 €
Erdgeschoss (50 %)	259.686,50 €	129.843,25 €	132.950,00 €	3.106,25 €	1. Ausführungsprobleme Mehrkosten 1.000,00 € 2. Kalkulationsfehler Mehrkosten 506,75 € 3. Anlaufprobleme Mehrkosten 1.600,00 €	auch für die weitere Ausführung auch für die weitere Ausführung einmalig	2.000,00 € 1.013,50 € 1.600,00 €
							264.300,00 €
Obergeschoss (0 %)	220.000,00 €	0,00 €	0,00 €	0,00 €			224.000,00 €
Dachgeschoss (0 %)	56.318,28 €	0,00 €	0,00 €	0,00 €			56.318,28 €
BGK (48 %)	269.040,20 €	129.139,30 €	131.100,00 €	1.960,70 €	1. Technische Probleme Mehrkosten 1.960,70 €	einmalig	271.000,90 €
Summe	903.161,45 €	357.099,02 €	367.466,47 €	10.367,45 €			**919.035,65 €**
DB (14,94 %) Bauleistung		53.359,62 € 410.458,64 €					
Ist-HK + AGK (10 %) = Ist-SK			367.466,47 € 41.045,86 € 401.256,49 €				
Ergebnis absolut in %				1.946,31 € 0,47 %			

Abb. 49: Gegenüberstellung der VK(i) und PK(i) zum Stichtag und zum Bauende

6.3 Analyse der Abweichungswirkung

Beide Äste der zweigliedrigen Arbeitskalkulation dienen primär dem permanenten Blick auf das Bauprojektende, wobei dieses möglichst frühzeitig und exakt widergespiegelt werden soll. Hiermit soll der in der baubetrieblichen Praxis weitverbreiteten Tatsache entgegengewirkt werden, dass das tatsächliche Bauprojekt-Ergebnis oftmals erst zum Ende des Bauprojektes festgestellt wird, was mitunter zu gravierenden Problemen bis hin zu existenzgefährdenden Umständen im Bauunternehmen führen kann.

Daraus folgt, dass die auf ihren Abweichungsgrund untersuchten Teilabweichungen nunmehr auf ihre Auswirkung zum Bauprojektende hin analysiert werden. Dies betrifft sowohl die Herstellkosten als auch die Auftrags-/Abrechnungssumme. Die Trennung auftraggeber- und auftragnehmerseitig zu tragender Ursachen bleibt weiterhin entscheidend. Aufgabe ist es, zu untersuchen, ob aufgetretene Abweichungen in den bereits realisierten anteiligen Bauleistungen in gleichem oder geändertem Umfang für die noch ausstehenden Leistungsanteile gelten und ob diese sich zukünftig nur kosten- oder auch erlöswirksam (Nachtragspotenziale) auswirken.

Für die Bauleitung ist nachfolgende Gliederung von Abweichungsursachen hilfreich:

a) Auftraggeberseitige Abweichungen (Verantwortung AG, VK(i))
- Änderung der Ausführungsmengen (Minderungen und Mehrungen)
- Ausführung von Alternativ- oder Eventualpositionen
- zusätzliche und geänderte Leistungen (Nachträge)
- Störung des Bauablaufes aufgrund fehlerhafter/verspäteter Leistungen des AGs
- Eintreten von Risiken aus den Bereichen des AGs (z. B. Baugrundrisiken, Zahlungsrisiken)

b) Nicht von der Projektleitung zu vertretende Abweichungen, die in der Leistungsvorgabe zu berücksichtigen sind (Verantwortung Auftragnehmer (AN) – Vertrieb , AK(i)) – Leistungsvorgabesicht
- Vergabegewinne/Verluste (Nachunternehmer) je nach Firmenpolitik auch bei c) zuordenbar
- Einkaufsgewinne/-verluste (Materialen, Gerätemieten)
- Veränderte Zusammensetzung des Baustellenpersonals (anderer Mittellohn)
- Kalkulationsirrtümer
- Nicht genehmigte Nachträge, die aber auszuführen und nicht von der Projektleitung zu verantworten sind
- Spekulationen

c) Ausführungsbedingte, von der Projektleitung zu vertretende Abweichungen (Verantwortung AN – Projektleitung , PK(i)) – Prognosesicht
- Veränderungen im Verhältnis Eigen-/Fremdleistung
- Von der Projektleitung veränderte Produktionsverfahren (z. B. Fertigteilkonstruktionen, andere Geräte)
- Leistungsprobleme/Minderleistung bzw. Leistungsverbesserung/Mehrleistung
- Witterungseinflüsse (je nach Unternehmenspolitik auch in der AK(i) zu berücksichtigen)
- Abrechnungsgewinne/Verluste

Bei Stichtagsvergleichen während der Bauphase wird die Auftragskalkulation-Leistungsvorgabesicht bei einer Bewertung der Baustelle dann regelmäßig eher negative Baustellen-Ergebnisse ausweisen, wenn viele Nachträge offenstehen, die Kosten für diese Nachträge aber schon angefallen sind. Hier ist das Ergebnis einer seriösen und mit Sachverstand fortgeschriebenen Arbeitskalkulation-Prognosesicht aussagekräftiger. Zum Ende der Bauphase lassen sich aus der Gegenüberstellung von Vertrags- und Arbeitskalkulation-Leistungsvorgabe und Arbeitskalkulation-Prognosesicht gute Erkenntnisse gewinnen, welche Veränderungen bei Kosten und Erlösen welche Ursache haben.

7 Berichtswesen

Die Kernaufgabe eines effizienten Bauprojekt-Managements ist die Versorgung des Managements mit Informationen – sowohl auf Bauprojekt- als auch auf Unternehmensebene. Qualität und Übersichtlichkeit der Berichte entscheiden über die Akzeptanz des Bauprojekt-Management-Systems. Die Qualität des Berichtswesens nimmt deswegen eine entscheidende Position ein, weil es hiervon abhängt, ob wichtige betriebswirtschaftliche Zusammenhänge den Beteiligten verständlich werden oder nicht. Für die Planung und Steuerung sollen die Informationen dem Informationsempfänger rechtzeitig und vollständig zur Verfügung gestellt werden. Durch ein effizientes Berichtswesen werden die Führungskräfte mit dem entscheidenden Wissen versorgt. Ein aussagefähiges Berichtswesen analysiert Ursachen und Zusammenhänge und zeigt Handlungsbedarf und kritische Entwicklungen auf.

Aber nicht nur interne Gründe sind für die Bedeutung des Berichtswesens verantwortlich. Externe Faktoren, wie das Gesetz zur Kontrolle und Transparenz im Unternehmensbereich (KonTraG) oder Kredit-Rating nach Basel II, machen es aus Sicht der Kreditgeber und von Kreditversicherern immer wichtiger, ein qualitativ aussagekräftiges Berichtswesen aufzubauen.

7.1 Leistungsmeldung

Das klassische Berichtswesen einer Baustelle beinhaltet i. d. R. die Erstellung einer Leistungsmeldung. Die Leistungsmeldung wurde bereits vorher ausführlich erläutert. Die Art der Leistungsmeldung unterscheidet sich im Aufwand und Umfang erheblich, abhängig davon, ob es sich um ein Schlüsselfertigprojekt oder um ein Projekt mit Eigenleistung handelt.

Abb. 50 zeigt eine exemplarische Leistungsmeldung wie sie, so oder in ähnlicher Form, in jedem Bauunternehmen vorzufinden sein sollte. Neben der eigentlichen Leistungsbewertung beinhalten Leistungsmeldungen auch Informationen zur Kostenabgrenzung und zur Entwicklung der Auftragssumme.

Leistungsmeldung seit Beginn per

		Schlussrechnung?	☐ ja ☐ nein
Baustelle:	xxx.xxxx.xxx	**Baustellen-Nr.:**	xxx.xxxx.xxx
Auftraggeber:	NN	**Bauleiter:**	NN

1.	**Rechnungsstellung**		
	Rechnungsstellung inkl. Nachträge/Regie und inkl. Nachlässe		…………………
	davon offene Nachträge	…………………	
	Rechnungsstellung an Dritte		…………………
	Summe Rechnungsstellung		…………………
2.	**Leistung (Basis VK(i))**		
2.1	Leistung inkl. Regie (Hauptauftrag + beauftragte Nachträge)		…………………
2.2	Leistung offene Nachträge	…………………	
2.3	Leistung an Dritte		…………………
2.4	Erwartete Abstriche an der Leistung (z. B. Vertragsstrafe)		…………………
2.5	Rückstellung für Restarbeiten/Nacharbeiten		…………………
	Summe Leistung		…………………

3. Abgrenzungen und Hinzurechnungen von Kosten

Hauptkostenart	**Hinzurechnung von Kosten (in Leistung enthalten, aber Rechnung ungebucht) z. B. NU stellt Rechnung verspätet** (+)	**Abgrenzung von Kosten (in Leistung nicht enthalten, Rechnung gebucht) z. B. lagerndes Material** (−)	**Summe**
Lohn			
Material			
Rüstung/Schalung			
Geräte			
Baustellenausstattung			
Nachunternehmer			

4.	**Auftragsentwicklung**	
4.1	Auftragsumme laut Auftragserteilung	…………………
4.2	Auftragssumme aus beauftragten Nachträgen	…………………
4.3	Zusatzaufträge	…………………
4.4	Regie	…………………
4.5	Auftragssumme zusätzlicher Auftraggeber (Dritte)	…………………
4.6	Auftragsminderung/-mehrung	…………………
	aktueller Gesamtauftragswert	…………………
	Restauftrag zum Stichtag (= aktueller Gesamtauftragswert ./. Summe Leistung)	…………………

Abb. 50: Leistungsmeldung

7.2 Status-Bericht

Der Status-Bericht des Bauprojektes ist so aufzubauen, dass er zum einen den bisherigen Stand des Bauprojektes wiedergibt und zum anderen die zukünftige Entwicklung prognostiziert. Sinnvoll ist ein Aufbau, der das Bauprojekt

- seit Ausführungsbeginn bis zum Stichtag der Berichtsperiode,
- bei langlaufenden Bauprojekten ggf. isoliert im Berichtsjahr erfasst und darüber die Weiterentwicklung
- zum Bauprojektende und
- ggf. zum Ende des Berichtsjahres ausweist.
- Für die im Berichtswesen eines Bauprojektes enthaltenen Informationen gilt, dass sie:
- empfängerorientiert sind, d. h. zunächst das Bauprojekt-Management mit den benötigten Informationen versorgen;
- top-down-orientiert sind, d. h. die Möglichkeit bieten, verdichtete Daten weiter zu differenzieren, um so bedarfsweise detaillierte Untersuchungen und Analysen durchführen zu können;
- zielorientiert sind, d. h. die Steuerung eines Bauprojektes im Hinblick auf das Bauprojektende ermöglichen;
- ursachenorientiert sind, d. h. Ursachen bestimmter Sachverhalte darlegen, um hieraus Handlungsparameter ableiten zu können;
- vollständigkeitsorientiert sind, d. h. alle notwendigen Daten enthalten, gleichzeitig aber Redundanzen und Informations-Overloads vermeiden;
- knapp, konkret und aktuell sind und unter Beachtung der Grundsätze der Wesentlichkeit und der Wirtschaftlichkeit erstellt werden;
- standardisiert sind, d. h. in einem einheitlichen Layout erscheinen und über einen längeren Zeitraum konstant bleiben;
- selbstkritik- und reflektionsorientiert sind, d. h. zu einer kritischen Auseinandersetzung herausfordern und zu Reaktionen auf Seiten des Bauprojekt-Managements führen;
- sachlich und objektiv sind, d. h. der Bauprojekt-Status-Bericht darf nicht zur Rechtfertigung des Bauprojekt-Managements herausfordern.[20]

Diese Anforderungen berücksichtigend, wird nachfolgend ein Bauprojekt-Status-Bericht vorgestellt (vgl. Abb. 51). Die aufgeführten Daten sind dem oben aufgeführten Beispielprojekt (Bauprojekt SF-Bauprojekt) entnommen.

---

20 Vgl. Langenbeck, J.: Berichtswesen als Instrument des Erfolgscontrolling. In: Buchhaltung, Bilanz, Kostenrechnung (2001) Nr. 2, S. 959 f.

BAUPROJEKT:	**SF-Bau**
BAUPROJEKT-NUMMER:	**xxx.xxx.xxx**
BERICHTSPERIODE:	**Juli 20xx**

n Auftragsbestand und Nachtragswesen

ı. Vertragskalkulation (VK(o)):	1.022.990,00
enehmigte Nachträge:	*13.172,20*
ragswert gem. VK(i):	1.036.162,20
noch nicht beauftragte Nachträge:	*0,00*
ıgereichte Nachträge:	*16.875,00*
zum Bauprojektende gem. PK(i):	1.053.037,20

(3) Informationen zum Cash-flow

Mindestrechnungswert :	352.266,72
Abschlagsrechnungen:	*475.000,00*
(+) (Teil-)Schlussrechnungen:	*0,00*
(=) Rechnungsbetrag:	475.000,00
(-) Zahlungseingang:	300.000,00
(=) Restforderung:	175.000,00

F (=D*E)		G		H (=F-G)	I (=D-F)	J (=D-G)	K	L	M (=D+H+(K*L))	
Vergleichsrechnung per Ende Berichtsmonat					Differenz Bauprojektende		Chancen /	Gewichtung	PK(i)	
Soll		Ist		Abweichung	Restauftrag	Restbudget	Risiken	in %	Wird-Daten	
98.116,47		103.416,47		5.300,00	0,00	-5.300,00	*0,00*	*0%*	103.416,47	
129.842,75		132.950,00		3.107,25	129.842,75	126.735,50	*1.507,25*	*100%*	264.300,00	
0,00		0,00		0,00	220.000,00	220.000,00	*4.000,00*	*100%*	224.000,00	
0,00		0,00		0,00	56.318,28	56.318,28	*0,00*	*0%*	56.318,28	
129.139,30		131.100,00		1.960,70	139.900,90	137.940,20	*0,00*	*0%*	271.000,90	
357.098,52		367.466,47		10.367,95	546.061,93	535.693,98	-	-	919.035,65	
-		400.241,33		-	-	-	-	-	1.024.339,37	
52.587,25	14,73	-		-	-	-	-	-	134.001,55	12,73
-		32.774,86	8,00	-	-	-	-	-	105.303,72	10,00
-		10.155,48	2,47	-	-	-	-	-	28.697,83	2,73
409.685,77		-		-	-	-	16.875,00	100%	1.053.037,20	

Auswertungen zur Leistungs- und Ergebnisentwicklung

Bauleistung / Auftragswert

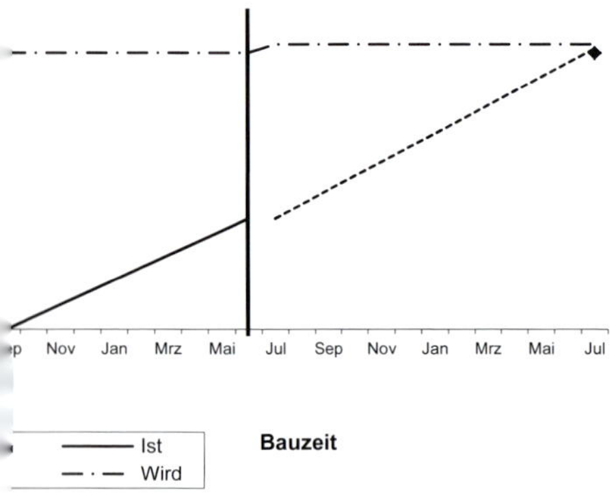

Bauzeit

Ergebnis

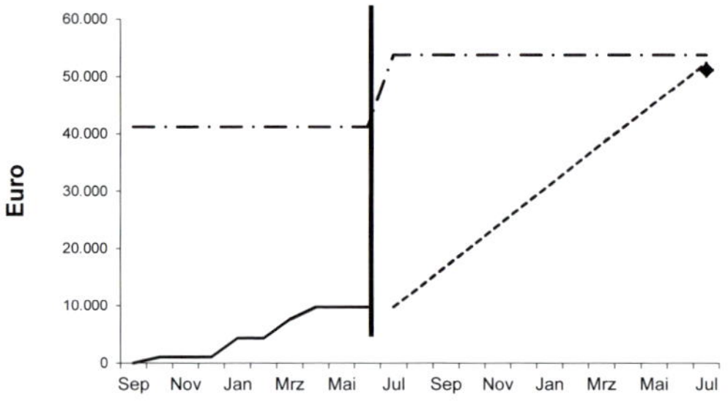

Bauzeit

CONTROLLING-BERICHT

(1) Stammdaten zum Bauprojekt

Unternehmenseinheit:	NN	Vertraglicher Ausführungsbeginn:	September 20xx
Bauprojektmanager:	NN	Vertragliches Ausführungsende:	Mai 20xx
Bauvertragskonzept:	Pauschalvertrag	Tatsächlicher Ausführungsbeginn:	Oktober 20xx
AGK-Anteil:	10%	Voraussichtliches Ausführungsende:	Juni 20xx
ARGE-Anteil:	0%	Bauprojekt beendet:	nein
NU-Anteil:	60%	Schlussrechnung erstellt:	nein

(2) Daten zu

Auftragswert ge

(+) (schriftlich) g

(=) aktueller Auf

(+) eingereichte

(+) noch nicht ei

(=) Auftragswert

(4) Leistungs-, Kosten- und Ergebnisinformationen

Ausführungseinheit / Spalten	A VK(o)		B AK(o)		C PK(o)		D AK(i) Soll-Daten		E LE-Mengen
Kellergeschoss	96.681,72		102.681,72		102.681,72		*98.116,47*		*100%*
Erdgeschoss	250.000,00		250.000,00		250.000,00		*259.685,50*		*50%*
Obergeschoss	220.000,00		224.000,00		224.000,00		220.000,00		*0%*
Dachgeschoss	56.318,28		56.318,28		56.318,28		56.318,28		*0%*
BGK	267.000,00		267.000,00		267.000,00		*269.040,20*		*48%*
HK	890.000,00		900.000,00		900.000,00		903.160,45		-
SK	992.299,00		1.002.299,00		1.002.299,00		1.006.776,67		-
DB	132.990,00	13,00	122.990,00	12,02	122.990,00	12,02	133.001,75	12,84	-
AGK	102.299,00	10,00	102.299,00	10,00	102.299,00	10,00	103.616,22	10,00	-
Ergebnis	30.691,00	3,00	20.691,00	2,02	20.691,00	2,02	29.385,53	2,84	-
Auftragswert / Leistung	1.022.990,00		1.022.990,00		1.022.990,00		1.036.162,20		34%

(5) Kennzahlenanalysen

Leistungsstand [Ist-Leistung / Soll-Leistung gem. Terminplanung] in %:	98,00
Ergebnisstand [Ist-Ergebnis / Ist-Leistung] in %:	2,48
Abrechnungsstand [Rechnungsbetrag / Ist-Leistung] in %:	115,94
Vorfinanzierungsgrad [Zahlungseingang / Ist-Selbstkosten] in %:	74,95
Auftragswertveränderung [Auftragwert gem. (PK(i) ./. Auftragwert gem. AK(i)]:	16.875,00
Restauftragswert [Auftragswert gem. PK(i) ./. Ist-Leistung]:	643.351,43
Ergebnisgrad [(Wird-Ergebnis ./. Ist-Ergebnis) / (Auftragswert gem. PK(i) ./. Bauleistung)]:	0,03
Fertigstellungsgrad, wertmäßig [Bauleistung / Auftragswert gem. PK(i)] in %:	38,91
Fertigstellungsgrad, zeitmäßig [bisherige Ausführungsdauer / Bauzeit] in %:	45,45
Leistungs/Zeit-Verhältnis [Fertigstellungsgrad, wertm. / Fertigstellungsgrad, zeitm.]:	0,86

(6) Grafisch

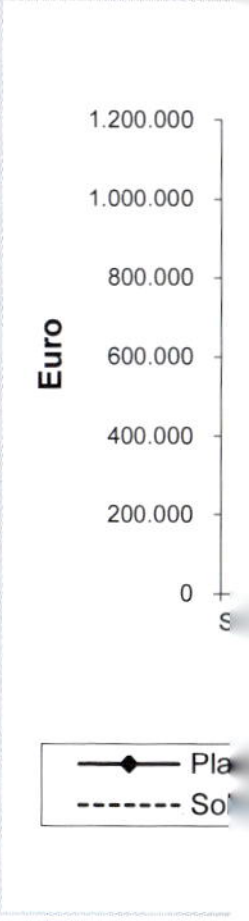

Abb. 51: Musterstatus-Bericht

Abb. 51: Musterstatus-Bericht

Der Bericht enthält folgende Bereiche:

(1) Stammdaten zum Bauprojekt;

(2) Daten zum Auftragsbestand und Nachtragswesen;

(3) Informationen zum Cashflow (Ein- und Auszahlungen);

(4) Leistungs-, Kosten- und Ergebnisinformationen;

(5) Kennzahlenanalysen;

(6) Grafische Auswertungen zur Leistungs- und Ergebnisentwicklung.

8 Bewertungsvorschriften und Prinzipien für Monats- und Jahresabschluss

Aufgrund der im Baubereich vorherrschenden Langfristfertigung stellt die sachgerechte Bewertung der unfertigen Baustellen eine wesentliche Grundlage der Bilanzierung eines Bauunternehmens dar. Dies gilt auch für unterjährige betriebswirtschaftliche Auswertungen – kurz BWA –, in die neben den Umsatzerlösen auch die Bestandsveränderungen der unfertigen Baustellen einfließen. [21]

8.1 Bewertung unfertiger Baustellen

Die Bewertung unfertiger Baustellen aufgrund unterschiedlicher Einbeziehungspflichten und Einbeziehungswahlrechte von Gemeinkosten erfolgt zu Herstellungskosten, die unbedingt von den im Baubetrieb verwendeten Begriffen der Herstellkosten und Selbstkosten zu unterscheiden sind.

Zur Bewertung unfertiger Baustellen werden entweder die Herstellungskosten (für den Fall, dass diese geringer als die ermittelte Bauleistung sind) oder die Bauleistung (für den Fall, dass diese geringer als die Herstellungskosten ist) herangezogen. Darüber hinaus sind auch drohende Verluste des Restauftrags abzuziehen.

8.2 Methodik der Bewertung unfertiger Baustellen

Um die Auswirkungen der oben aufgeführten Methoden der Leistungsbewertung auf den Bilanzierungsansatz darzustellen, soll nachfolgend auf Basis der Abb. 52 und Abb. 53 eine Bewertung der unfertigen Baustelle durchgeführt werden.

---

21 Vgl. Oepen, Ralf-Peter; Reck, Andrea: Ermittlung und Bewertung der Bauleistungen – Teil A und B in Baumarkt + Bauwirtschaft (2006), Nr. 10, S. 30-35, und (2006), Nr. 11, S. 37-39.

		Menge * EP	eingl. Forts.	zweigl. Forts.
1	Restauftrag (Auftragssumme – Bauleitung)	374,00	307,14	338,89
2	HK des Restauftrages	215,00	215,00	215,00
3	SK des Restauftrages	244,92	239,57	242,11
4	Ergebnis des Restauftrages	129,08	67,57	96,78

		Auftragssumme	Bauleistung	IST-HK gesamt	IST-HK bisher	vorläufiger Wert	Ergebnis des Restauftrages	Bilanzansatz
5	Methode: Menge * EP	500,00	126,00	350,00	135,00	126,00	129,08	126,00
6	Methode: Eingliedrige Fortschreibung	500,00	192,86	350,00	135,00	135,00	67,57	135,00
7	Methode: Zweigliedrige Fortschreibung	500,00	161,11	350,00	135,00	135,00	96,78	135,00

Abb. 52: HGB-konforme Bewertung einer Gewinnbaustelle

In Abb. 52 erfolgt die Bewertung der unfertigen Bauprojekte für einen Vergabegewinn in Höhe von 100 GE und einem Fertigstellungsgrad von 10 Prozent in der Position 1. Zunächst ist zu untersuchen, ob es sich um ein Verlust- oder Gewinnprojekt handelt. Hierzu ist das Ergebnis des Restauftrages zu analysieren (vgl. Zeile 4). Dieses errechnet sich aus der Differenz von Auftragssumme (vgl. Zeile 1) und Selbstkosten des Restauftrages (vgl. Zeile 3). Bei allen Methoden der Leistungsbewertung ist das Ergebnis des Restauftrages positiv und liegt zwischen 129 GE bei klassischer Methode der Leistungsbewertung, 68 GE bei modifizierter Methode der Leistungsbewertung und eingliedriger Fortschreibung der Arbeitskalkulation und 97 GE bei zweigliedriger Fortschreibung der Arbeitskalkulation.

Da es sich bei dem Beispiel aus Abb. 52 um einen voraussichtlichen Gewinnauftrag handelt, erfolgt die Bewertung zu den handelsrechtlichen Herstellungskosten. An dieser Stelle muss ausdrücklich darauf hingewiesen werden, dass innerhalb des Beispiels aus Vereinfachungsgründen nicht zwischen Herstellungskosten und Herstellkosten differenziert und gleichzeitig keine Abweichung zwischen Ist- und Soll-Herstellkosten ausgewiesen wurde. Als vorläufiger Wert fließen bei klassischer Methode der Leistungsbewertung die Bauleistung (vgl. Zeile 5), bei modifizierter Methode der Leistungsbewertung (vgl. Zeile 6 und 7) die Herstellungskosten (hier identisch mit Herstellkosten) als jeweils niedrigerer Wert in den Bilanzansatz ein.

		Menge * EP	eingl. Forts.	zweigl. Forts.
1	Restauftrag (Auftragssumme – Bauleitung)	374,00	359,09	338,89
2	HK des Restauftrages	395,00	395,00	395,00
3	SK des Restauftrages	424,92	423,73	422,11
4	Ergebnis des Restauftrages	-50,92	-64,64	-83,22

		Auftragssumme	Bauleistung	IST-HK gesamt	IST-HK bisher	vorläufiger Wert	Ergebnis des Restauftrages	Bilanzansatz
5	Methode: Menge * EP	500,00	126,00	550,00	155,00	126,00	-50,92	75,08
6	Methode: Eingliedrige Fortschreibung	500,00	140,91	550,00	155,00	140,91	-64,64	76,27
7	Methode: Zweigliedrige Fortschreibung	500,00	161,11	550,00	155,00	155,00	-83,22	71,78

Abb. 53: HGB-konforme Bewertung einer Verlustbaustelle

In Abb. 53 wird anschließend ein Vergabeverlust simuliert. Hierbei erhöhen sich die Herstellkosten in der Position 1 auf 300 GE. Auch hier ist ein Fertigstellungsgrad von 10 Prozent simuliert. Bei der Untersuchung des Ergebnisses des Restauftrages kristallisiert sich heraus, dass es sich bei allen Methoden der Leistungsbewertung um einen Verlustauftrag handelt (vgl. Zeile 4). Das Ergebnis des Restauftrages liegt zwischen -50,92 GE bei klassischer Methode der Leistungsbewertung, -64,64 GE bei modifizierter Methode der Leistungsbewertung und eingliedriger Auswertung der Arbeitskalkulation und -83,22 GE bei zweigliedriger Auswertung der Arbeitskalkulation.

Da es sich bei Abb. 53 um einen Verlustauftrag handelt, muss das Ergebnis des Restauftrages als drohender Verlust bei der Bilanzierung berücksichtigt werden. Als vorläufiger Wert fließen bei klassischer Methode der Leistungsbewertung (vgl. Zeile 5) sowie bei modifizierter Methode der Leistungsbewertung und eingliedriger Fortschreibung (vgl. Zeile 6) die Bauleistung, bei zweigliedriger Fortschreibung (vgl. Zeile 7) die Herstellungskosten (hier identisch mit Herstellkosten) in den vorläufigen Wert ein. Unter Berücksichtigung des Vorsichtsprinzips ist in allen Fällen dieser vorläufige Wert aber in Höhe des drohenden Verlustes zu reduzieren, bevor dieser als Bilanzansatz herangezogen werden darf.

Bei ordnungsgemäßer Bewertung unfertiger Bauprojekte erkennt man, dass der Bilanzansatz bei allen angewendeten Methoden der Leistungsbewertung zu ungefähr gleichen Ergebnissen führt. Bei Gewinnaufträgen ist dies darauf zurückzuführen, dass in der Regel nicht die bewertete Bauleistung, sondern die zum Stichtag aufgelaufenen (niedrigeren) Herstellungskosten als Bilanzierungsansatz herangezogen werden. Bei Verlustaufträgen fließen in der Regel dahingegen nicht die Herstellungskosten, sondern die (geringere) Bauleistung in den vorläufigen Wert ein, von dem aber der drohende Verlust noch in Abzug zu bringen ist. Hierzu ist die exakte Ermittlung von Restauftragssumme und entsprechenden Herstellkosten bzw. Selbstkosten außerordentlich wichtig. Diese Werte sind aber ohne eine entsprechend fortgeschriebene und aktualisierte Prognose zum Bauende nur schwer genau zu bestimmen.

Bauunternehmen sind also angehalten, sich intensiv mit der Art und Weise der praktizierten Form der Leistungsermittlung und Leistungsbewertung zu beschäftigen. Dies zum einen, um die Aussagekraft der kurzfristigen Ergebnisrechnung so realistisch wie möglich zu gestalten und zum anderen, um die Bewertung der unfertigen Baustellen im Rahmen des Monats- bzw. Jahresabschlusses so exakt wie möglich durchführen zu können.

Fazit Teil C

Um ein zeitgemäßes Bauprojekt-Management umsetzen zu können, ist die Nutzung einer dafür konzeptionierten Bausoftware unabdingbar.

Besonders die Veränderungen der vertraglichen Ausgangssituation durch Nachträge, Mengenänderungen, Zusatzaufträge und Regieleistungen machen eine klar strukturierte Fortschreibung der Kalkulationssichten VK(i), AK(i), PK(i) notwendig. Hiermit wird eine dem aktuellen Wissensstand entsprechende Hochrechnung auf das Projektende als Entscheidungskriterium für Steuerungsmaßnahmen eingeführt.

Die transparente Bewertung der Nachträge ist entscheidend, um Projektergebnisse richtig darzustellen.

Für Unternehmen mit eigener Bauproduktion ist die Stichtagsbehandlung wichtig. Die zeitsparende Ermittlung des Leistungsstandes und dessen sachgerechte Abgrenzung zur Kostenrechnung stellt dabei eine anspruchsvolle Aufgabe dar. Die zeitnahe und zeitsparende Ermittlung der geleisteten Mengen ist dazu sicherzustellen. Hierzu empfiehlt es sich, das Leistungsverzeichnis nach einem Bauwerksmodell übersichtlich zu gliedern. Weiterhin ist bei Eigenproduktion die modifizierte Leistungsermittlung auf Basis der Soll-Herstellkosten zuzüglich des Deckungsbeitrages der traditionellen Leistungsermittlung auf Einheitspreisbasis vorzuziehen.

Die Kostenartenvergleichsrechnung ist zentraler Ausgangspunkt, um anhand von Abweichungen Problemstellen aufdecken und rechtzeitig gegensteuern zu können. Besonders aussagekräftig ist die bauabschnittsbezogene Gegenüberstellung von Soll und Ist. Es ist allerdings ein gewisser Aufwand erforderlich, alle Ist-Kosten den Bauabschnitten richtig zuzuordnen.

TEIL D

Nachkalkulation abgeschlossener Projekte

1 Bauprojekt-Management nach der Bauausführung

Mit der dritten Phase des Bauprojekt-Managements nach der Bauausführung endet das beschriebene Konzept. Die analysezentrierte Phase dient der Vorbereitung des Bauprojekt-Managements für nachfolgende Bauprojekte. Alle wichtigen, im gerade abgeschlossenen Projekt gewonnenen Informationen sind hierzu systematisch aufzubereiten und in einem Projektabschlussbericht zu dokumentieren. Die so gewonnenen Informationen werden als Erfahrungswerte (Stammdaten) für die Bearbeitung neuer Bauprojekte genutzt. Einen wesentlichen Aspekt stellt dabei die Nachkalkulation dar, deren Daten die tatsächlichen Ist-Kosten zum Ende der Bauausführung ausweisen. Ergänzt wird die abschließende Phase des Bauprojekt-Managements durch die Analyse der Finanzkosten.

2 Nachkalkulation nach der Bauausführung

Soll die Nachkalkulation im Sinne des Bauprojekt-Managements zur Analyse des realisierten Bauprojektes dienen und die Planung neuer Bauprojekte unterstützen, muss sie sich auf die Bedingungen eines ungestörten und damit optimalen Produktionsprozesses beziehen, d. h. alle nicht auf falsche Kalkulationsansätze zurückzuführenden Abweichungen sind zu bereinigen. Die Nachkalkulation entspricht in ihrer Systematik dann dem beschriebenen System der Arbeitskalkulation mit dem wesentlichen Merkmal, dass sie sich auf korrigierte Erfahrungsdaten des gerade realisierten Bauprojektes bezieht. Bei konsequenter Umsetzung der zuvor beschriebenen zweigliedrigen Arbeitskalkulation bilden die letztmaligen Fortschreibungen der PK(i) nach Beendigung der Bauausführung die Basis für eine aussagekräftige Nachkalkulation.

Bei der Durchführung einer Nachkalkulation stellt die ursachengerechte und exakte Ermittlung der Ist-Daten die wesentliche Problematik dar. Für die Ermittlung der Lohnstunden/-kosten werden Wochen-, besser Tagesberichte verwendet, deren Ausfüllen i. d. R. durch den die Bauausführung beaufsichtigenden Polier erfolgen sollte. Die so dokumentierten Stunden je Ausführungseinheit werden aufsummiert und ergeben die bis zum Vergleichszeitpunkt angefallenen Arbeitsstunden. Diese Arbeitsstunden sind dann mit dem tatsächlichen Mittellohn (hier 32,50 €) des Bauprojektes zu multiplizieren, um die Lohnkosten je Ausführungseinheit zu berechnen. Der Mittellohn des Bauprojektes kann und wird vom Kalkulationsmittellohn (hier 31,45 €) her variieren, so dass Abweichungen in den Lohnkosten zum einen im Wertegerüst und zum anderen im Mengengerüst der Kosten ihre Ursache haben werden. Um nun die Ist-Leistungswerte je Ausführungseinheit zu berechnen, sind Lohnstunden/-kosten den entsprechenden Leistungsmengen gegenüberzustellen. Dabei ist zu beachten, dass projektspezifische Zulagen bzw. Erschwernisse von der Hauptposition betrachtet werden können, um eine Wiederverwendung der Erkenntnisse in zukünftigen Projekten zu ermöglichen.

Kostenträger Nr. 2 Erdarbeiten	**Soll-Daten**				**Ist-Daten**				**Abweichungen**			
	VR-Mengen	Zeitwert [Std/ME]	Lohn-Stunden	Lohn-Kosten [€]	LE-Mengen	Leist.-wert [Std/ME]	Lohn-Stunden	Lohn-Kosten [€]	LE-Mengen	Leist.-wert [Std/ME]	Lohn-Stunden	Lohn-Ksten [€]
– Pos. 1.010	900 m^3	0,100	90,00	2.830,50	950 m^3	*0,117*	*111,00*	*3.607,50*	50 m^3	*0,017*	*21,00*	*777,00*
– Pos. 1.020	~~150 m^3~~	0,000	0,00	0,00	~~175 m^3~~	*0,00*	*0,00*	*0,00*	~~25 m^3~~	*0,000*	*0,00*	*0,00*
– Pos. 1.030	~~750 m^3~~	0,150	112,50	3.538,12	~~775 m^3~~	*0,179*	*139,00*	*4.517,50*	~~25 m^3~~	*0,029*	*26,50*	*979,38*
	900 m^3	0,225	202,50	6.368,62	950 m^3	0,263	250,00	8.125,00	50 m^3	0,038	47,50	1.756,38

Abb. 54: Nachkalkulation Lohnstunden/-kosten

2.1 Nachkalkulation Lohnstunden/-kosten

Die Ausführungseinheit *Erdarbeiten* enthält als Teilleistungen 900 m^3 Bodenaushub der Pos. 1.010 einschl. 150 m^3 Abfuhr aus der Pos. 1.020 und 750 m^3 Hinterfüllung aus der Pos. 1.030. Bei der Ermittlung der Leistungsmengen dürfen aber nur die 900 m^3 Bodenaushub als Leitmenge berücksichtigt werden, da von dieser Gesamtmenge 750 m^3 für die Wiederverfüllung dienen und 150 m^3 als überschüssiges Material abgefahren werden.

Für die qualitative Beurteilung der Ist-Leistungswerte als Vorgabewerte neuer Vorkalkulationen sind die zu leistenden Nebenarbeiten und Zulagen aber wichtig, so dass sie auf alle Fälle mit aufgeführt werden sollten. Die Ermittlung der Ist-Leistungswerte erfolgt mittels der Division von Lohnstunden/-kosten und Leistungsmengen je Kostenträger, wobei die kursiv gedruckten Ist-Daten und Abweichungen zu den Soll-Daten in den einzelnen Positionen nicht auf einer Leistungsermittlung der Leistungsmengen (LE-Mengen), sondern auf einer analogen Verteilung zu den Voraussichtlichen Abrechnungsmengen (VR-Mengen) beruhen (vgl. Abb. 54).

2.2 Nachkalkulation Gerätestunden/-kosten

Die Funktionsweise der Nachkalkulation bei geräteintensiven Arbeiten entspricht im Wesentlichen der bei lohnintensiven Arbeiten. Eine entsprechende Ermittlung der Ist-Daten, getrennt nach einzelnen Ausführungseinheiten, ist auch hier zwingende Voraussetzung. Für die Dokumentation der angefallenen Gerätestunden bieten sich Maschinen-Tagesberichte an, in die neben der täglichen Einsatzzeit pro Ausführungseinheit noch zusätzliche Eintragungen – wie Ausfallzeiten und Betriebsstoffverbräuche – vorzunehmen sind. Zur Ermittlung der Ist-Kosten im Gerätebereich sind sowohl die tatsächliche Einsatzzeit als auch die Höhe des Ist-Leistungswertes maßgeblich (vgl. Abb. 55).

Kostenträger Nr. 2 Erdarbeiten	Soll-Daten			Ist-Daten			Abweichungen		
	VR-Mengen	Leist.-wert [€/ME]	SoKo (Geräte) [€]	LE-Mengen	Leist.-wert [€/ME]	SoKo (Geräte) [€]	LE-Mengen	Leist.-wert [€/ME]	SoKo (Geräte) [€]
– Pos. 1.010	900 m^3	1,59	1.431,00	*950 m^3*	*1,68*	1.600,00	*50 m^3*	*0,09*	169,00
– Pos. 1.020	~~150 m^3~~	5,00	750,00	~~*175 m^3*~~	*4,57*	800,00	~~*25 m^3*~~	*-0,43*	50,00
– Pos. 1.030	~~750 m^3~~			~~*775 m^3*~~			~~*25 m^3*~~		
– Laderaupe		1,59	1.192,50		*1,81*	1.400,00		*0,22*	207,50
– AT 2000		0,40	300,00		*0,40*	300,00		*0,00*	0,00
	900 m^3	4,08	3.673,50	950 m^3	4,31	4.100,00	50 m^3	0,23	426,50

Abb. 55: Nachkalkulation Gerätestunden/-kosten

2.3 Nachkalkulation Material

Hauptbaustoffe sollten vor allem bei Abweichungen näher unter die Lupe genommen werden. Wenn anzunehmen ist, dass die Hauptursachen in der Ermittlung selbst liegen, ist aufzuklären:

- ob bei der Feststellung der geleisteten LV-Positionsmengen Fehler gemacht wurden,
- ob übermäßiger Materialschwund zu verzeichnen ist (unerklärbare Mengenabweichungen) oder
- ob die Kalkulationsansätze überarbeitet werden müssen.

Sollten Zweifel an der Ist-Seite bestehen, sind weitergehende Nachforschungen anzustellen.

2.4 Nachkalkulation Nachunternehmerleistungen

Die Nachunternehmerleistungen sind besonders für das Bilden von Kennzahlen nachzukalkulieren. Die Nachkalkulation besteht vor allem darin, die Abrechnungsmengen inkl. aller Nachträge im Bauwerksmodell richtig zuzuordnen.

Literaturverzeichnis

a) Monografien

BWI-Bau (Hrsg): Praktische Kosten- und Leistungskontrolle im Baubetrieb; Düsseldorf 1980.

De Buhr, H.: Baustellen-Controlling; in: Semina - Akademie für Weiterbildung im Bauwesen (Hrsg.): Interdisziplinäre Norddeutsche Tagung für Betriebswirtschaft und Baurecht; Tagesbericht Nr. 4; Neustadt 2003.

Diemand, F.: Strategisches und operatives Controlling im Bauunternehmen; Karlsruhe 2001.

Günther, Ch.; Oepen, R.: Nachkalkulation als 1. Stufe des Baustellen-Controlling; BWI-Bau – Leitfaden für die Praxis; Heft 3; 3. Aufl.; Düsseldorf 1996.

Hahn, D.: Planungs- und Kontrollrechnung als Führungsinstrument; Wiesbaden 1974.

Hauptverband der Deutschen Bauindustrie; Zentralverband des Deutschen Baugewerbes (Hrsg.): KLR Bau - Kosten- und Leistungsrechnung der Bauunternehmen 7. Aufl.; Wiesbaden/Berlin, Köln, Düsseldorf 2001.

Huch, B.; Behme, W.; Schimmelpfeng, K. (Hrsg.): Controlling und EDV; Frankfurt/M. 1992.

Jacob, D.; Ring, G.; Wolf, R. (Hrsg.): Freiberger Handbuch zum Baurecht; Bonn 2001.

Jacob, D.; Stuhr, C.; Winter, Ch. (Hrsg): Kalkulieren im Ingenieurbau; 2., vollst. überarb. und erw. Aufl.; Wiesbaden 2011.

Jacob, D.; Stuhr, C.; Winter, Ch. (Hrsg): Kalkulationsformen im Ingenieurbau; Berlin 2002.

Leimböck, E.: Bauwirtschaft; Stuttgart - Leipzig 2000.

Oepen, R.: Phasenorientiertes Controlling in bauausführenden Unternehmen. Schriftenreihe Baubetriebswirtschaftlehre und Infrastrukturmanagement; hrsg. v. Jacob, D.; Wiesbaden 2003.

Oepen, R.; Gleißner W.; Heine R.; Kölzer H.; Wieczorek, R.: Risikoorientierte Bauprojekt-Kalkulation – Eine innovative Methode zur Risikobeherrschung und Eindämmung von Ausreißer-Projekten; hrsg. v. BRZ Deutschland GmbH; Wiesbaden 2012.

Paul, W.: Steuerung der Bauausführung. Schriftenreihe des Instituts für Baubetriebslehre an der Universität Stuttgart; Bd. 39; hrsg. v. Berner, F.; Stuttgart 1998; S. 124 ff.

Schoofs, O; in: Leinemann, R (Hrsg.); VOB/B Kommentar; 3. Aufl.

Seyffert, G.: Praktisches Baustellen-Controlling - Handbuch für Bau- und Generalunternehmen; Braunschweig/Wiesbaden 2003.

Talaj, R.: Operatives Controlling; Wiesbaden/Berlin 1993.

VHB Bund; Ausgabe 2008; Teil 2; 212 Bewerbungsbedingungen; 4 Unterlagen zum Angebot.

Walter, R. I.: Die Entwicklung der baubetrieblichen Kosten- und Leistungsrechnung von der Aufschreibungsfunktion im Mittelalter zum modernen Controlling-Instrument; hrsg. v. Bayerischen Bauindustrieverband; München 1993.

Wirth, V.: Baustellencontrolling; in: Wirth, V. (Hrsg.): Controlling in der Baupraxis - So sichern Sie Ihre Baustellengewinne; München 2003.

Zimmermann, Josef: Vortrag „Projektentwicklung zwischen Vision und Realität"; 07. Mitteldeutscher Immobilienkongress; Leipzig 05.02.2009.

b) Zeitschriftenaufsätze

Blecken, U.; Misch, V.: Der Begriff Bauleistung im baubetrieblichen Rechnungswesen; in: Bauwirtschaft (1983) Nr. 27; S. 1019-1025.

Danielzik, J.: Rudert, D.; Meyer, I.; Oepen, R.: Die Arbeitskalkulation im Bauprojekt-Controlling; in: Bauwirtschaft (1998) Nr. 6; S. 46-49.

Langenbeck, J.: Berichtswesen als Instrument des Erfolgscontrolling; in: Buchhaltung, Bilanz, Kostenrechnung (2000) Nr. 2; S. 957-964.

Meyer, I.; Oepen, R.: Die Leistungsbewertung im Projekt-Controlling; in: Bauwirtschaft (1996) Nr. 6; S. 72-77.

Oepen, R.; Reck, A.: Ermittlung und Bewertung der Bauleistungen - Teil A; Baumarkt + Bauwirtschaft (2006) Nr. 10; S. 30-35.

Oepen, R.; Reck, A.: Ermittlung und Bewertung der Bauleistungen - Teil B; Baumarkt + Bauwirtschaft (2006) Nr. 11; S. 37-39.

Rudert, B. D.; Flesch, H.: Baustellen-Controlling mit EDV; in: Teerbau-Veröffentlichungen (1996) Nr. 2; S. 87-93.

Schneider, G.: Ermittlung des Kapitalbedarfs für ein Bauunternehmen; in: Baupraxis (1982) Nr. 2.

c) Internetquellen

Arbeitskreis Risikomanagement für Unternehmen der Bauindustrie: Strukturierter Risikokatalog auf Projektebene – Auswertung und Zusammenfassung der Workshopergebnisse der 3. Arbeitskreissitzung vom 03. November 2009; unter http://www.bwi-bau.de/uploads/media/Risikokatalog.pdf; [abgerufen am 30. April 2012].

Abbildungsverzeichnis

TEIL A: Bauprojekt-Management in Theorie und Praxis

TEIL B: Planungsrechnung vor der Bauausführung

TEIL C: Steuerung des Bauprojektes während der Bauausführung

TEIL D: Nachkalkulation abgeschlossener Projekte

Sachwortverzeichnis

H

I

K

L

M

N

O

P

Q

R

S

U

V

Z

SPRINGER-VIEWEG.DE

Zusätzliche Sicherheit bei der Kalkulation von Bauprojekten durch Berücksichtigung der Risikokosten.

BRZ Deutschland GmbH (Hrsg.)

Risikoorientierte Bauprojekt-Kalkulation

Eine innovative Methode zur Risikobeherrschung und Eindämmung von Ausreißer-Projekten

2012. XV, 195 S. mit 82 Abb. Geb. € (D) 34,95

ISBN 978-3-8348-1892-8

Die Kalkulationsmethode nach Opitz, die seit den 1940er Jahren nahezu unverändert zur Kostenermittlung von Bauleistungen herangezogen wird, bedarf einer dringenden Ergänzung. Während die Produktionskosten mit dieser Methode durchaus exakt ermittelt werden, bleiben die aus den Projektrisiken resultierenden Kosten unberücksichtigt. Diese werden bisher über einen pauschalen Wagnis- und Gewinnzuschlag nur scheinbar abgedeckt. Die nicht kalkulierten Risikokosten sind aber oft die Ursache für verlustreiche Projekte. Es ist deshalb dringend erforderlich, die Risikokosten im Rahmen einer Risikoorientierten Kalkulation zu bewerten, um sie dann – gemäß der unternehmensindividuellen Risikostrategie – zu behandeln und in der Preisfindung zu berücksichtigen. Bauunternehmen, die einen nachhaltigen Unternehmenserfolg sicherstellen wollen, setzen nicht mehr nur auf Opitz, sondern auch auf die Risikoorientierte Kalkulation.

Das Fachbuch beschreibt das Vorgehensmodell, welches die bisherige Methode der Kalkulation revolutioniert. Mit praktischen Hinweisen zu einem aktiven Risikomanagement auf Bauprojektebene, wird die Risikoorientierte Bauprojekt-Kalkulation detailliert und anhand eines durchgängigen Praxisbeispiels anschaulich erklärt.

Der Inhalt

- Risikomanagement im Baubetrieb: Die Wirkung von Projektrisiken erkennen und beherrschen.
- Risikomanagement vor der Bauausführung: Risiken im Angebotsstadium bewerten und einpreisen.
- Risikomanagement während und nach der Bauausführung: Risiken konsequent verfolgen.

Der Herausgeber

BRZ Deutschland GmbH ist europäischer Spezialist für Organisation und Bauinformatik.

Mit Organisationsberatung, Bausoftware und Outsourcing-Services unterstützt BRZ gleichermaßen Unternehmen des Bauhandwerkes und der Bauindustrie.

Mit dieser Fachbuch-Reihe will das Unternehmen wichtige Prozessinnovationen fördern.

Springer Vieweg

Einfach bestellen: SpringerDE-service@springer.com
Telefon +49 (0)6221 / 3 45 – 4301